交易转折的艺术

——人人都能成为市场赢家

李永周 著

知识产权出版社

全国百佳图书出版单位

图书在版编目(CIP)数据

交易转折的艺术——人人都能成为市场赢家/李永周著.
—北京: 知识产权出版社, 2016.1

ISBN 978-7-5130-1106-8

Ⅰ.①交⋯　Ⅱ.①李⋯　Ⅲ.①金融　Ⅳ.①TS805.4

中国版本图书馆CIP数据核字(2016)第123221号

内容提要

该书是一本交易方法论的专著,从方法论入手浅显易懂地讲解了怎样把握交易机会,并从投资者的角度用大量示例来解读如何一步步地提高认识水平。书中用了大量的示例图来进行讲解,却绝少有枯燥的理论。这是一本真正能让普通投资者看得懂、学得会,并能够利用所学亲手证明书中逻辑可行性的书。本书没有空泛的讲述,而是给出了一套完整的解决方案,有助于读者在成为交易高手的路上阔步前行。

责任编辑: 刘晓庆　于晓菲　　　　　　　　　　**责任出版:** 孙婷婷

交易转折的艺术

——人人都能成为市场赢家

JIAOYI ZHUANZHE DE YISHU
——RENREN DOUNENG CHENGWEI SHICHANG YINGJIA

李永周　著

出版发行	知识产权出版社 有限责任公司	网　址:	http://www.ipph.cn	
			http://www.laichushu.com	
电　话:	010-82004826			
社　址:	北京市海淀区西外太平庄55号	邮　编:	100081	
责编电话:	010-82000860转8363	责编邮箱:	yuxiaofei@cnipr.com	
发行电话:	010-82000860转8101/8029	发行传真:	010-82000893/82003279	
印　刷:	北京嘉恒彩色印刷有限责任公司	经　销:	各大网上书店、新华书店及相关专业书店	
开　本:	720mm×960mm　1/16	印　张:	14.25	
版　次:	2017年5月第1版	印　次:	2017年5月第2次印刷	
字　数:	197千字	定　价:	42.00元	

ISBN 978-7-5130-1106-8

目 录

序　言

活跃在金融市场的人们，一定都阅读过众多交易类的书籍，从较经典的《股票作手回忆录》到《证券分析》和《随机漫步的傻瓜》。除了在书中学习方法、寻求安慰外，交易员们还想从中搞清楚一件事：那些交易大师究竟有何特别之处。任何一个有经验的交易员，大抵都是在损失了一大笔资金、被多变的金融市场狠狠教训了之后，才稍微拿捏住它的一些脾气。通过一次次进场、出场、盈亏胜负的拉锯战，交易员们积累了大量的知识和经验，谁都知道这些知识与经验的宝贵，但谁说这不能分享呢？

当作者找到我给本书写序时，我曾问他：“这可都是多年的交易经验，真舍得分享出去？”他坦然地笑着说，“流水不腐嘛，多交流才能不断完善”。作为金字塔程序化软件的创始人，我虽然与作者的事业方向不同，但研究的同样都是“市场交易法则”。正如作者在书中所说的那样，金融市场是一个没有硝烟的战场，能审时度势，知己知彼，善于采用灵活机动的战术，不盲目行动，才能打胜仗。这里“术”的重要性可见一斑。“术”者，道也，既是理念也是方法。然而没有哪一种理念是“放之四海而皆准”的，尤其是在瞬息万变的金融市场，这就要求我们要知进退、善变通，居安思危，正应了《易经》中亢龙有悔的智慧。

书中所写的内容不是什么必胜的秘籍，甚至都谈不上生动，但在这套交易方法的背后，记录的是作者的一段跌宕的经历——他的成功，他的失败，有盈利的喜悦，还有坚守的痛苦。他的故事或许片面，但他十余年在金融市场的阅历足够丰富。他一直在金融市场的最前沿搏杀，几历熊牛，抄过大底，逃过大顶，经历过无数市场中的风云变幻。成功交易并没有捷径、秘诀和圣杯，但毕竟还有相对的客观性和规律性。在本书中，作者从三个方面加以阐述：交易技术、风险管理、交易员的心理和人生态度。作者愿将十多年的方法和理念分享给思维开放、愿意学习的人。你要做的，就是学习并运用这些智慧。

"在交易中，你像一个猎人在等待猎物出现，你唯一能做的就是耐心等待。"

"专注于观察某一个品种，那你自然更容易摸准它的脾气，可能也更容易把握好的投资机会，这是专注所带给你的回报。"

"市场的未来总隐藏在过去和现在之中，从不会缺席。"

"行情转变的临界点才是我们要寻找的最有效的交易机会。"

"格局必须是顺大势的，正所谓大势不可违。"

读过一万本书，才能产生真正有分量的见解。我不知你读此书是怎样的心情，至少在我看来，这是一位颇有见解与阅历的交易员的心血之作，其内涵丰富、发人深省。我的片言摘语不过是断章取义，远不能体现书中的精髓。

前人的谋略对我们大有益处，希望这本书能对大家领悟交易本质、提高操作能力提供借鉴和帮助。

魏　巍

上海金之塔信息技术有限公司　创始人兼CEO

2016年1月

导 言

"一个人赚钱靠的不是想法，让他真正赚到钱的是坐在那里等待机会的出现……就在趋势即将发动的时候入场……当一个投机者有能力判断某只股票的关键价位，有能力解读股票在这个关键价位的各种情况的时候，他就可以很放心地下单了，因为这个时候正是一波行情的起点。"——这是经典中的经典《股票大作手操盘术》里利弗莫尔的经典总结。

另一位是著名的短线交易大师 Mark Andrew Ritchie 在《金融奇才》采访中说的两段话，让我印象深刻且产生了共鸣。

"很明显，交易和承担风险吸引了我。实际上，也不是承担风险，更有趣的是管理风险。"

"你的目标是让自己的交易变得无聊。大多数人不能理解这一点，对他们而言，交易是激动人心的；但是对我而言，我每天只想做能够盈利的无聊交易。好的交易应该是无聊的。"

这两位的表述各不相同，但都表达了交易机会就是坐在那里无聊地等待，直到等到机会出现。机会都是在无聊的等待之中出现的。虽然市场每时每刻都在波动，但这绝大多数都不是属于你的机会，你需要明确地知道自己在等什么，为了什么在等待。

很多人可能会说："等待对于我来说不是问题，我最大的强项就是听话照做。"那好吧，我还是坚持认为，要让你做到"坐下来等待机会"简直是接近于不可完成的任务；所以我选择相对容易的方式来展开解读，那就是讲清楚怎样寻找"趋势的转折"。至于为什么这样说，等你真正踏上交易之路很快就会明白，金钱的诱惑力真的太大，而大把的钞票又总是处于你触手可及的范围……

下面我们从相对容易的"寻找趋势的转折"来进行讲解。虽然说是容易做到，但学习者还要有相当的领悟能力，不断地进行总结复盘，才能更好地掌握下面所讲的"亢龙有悔——怎样来识别行情的转折点"。这段话千万不要误解为："只要你学会，你就能抓住每一次行情的转折，将所有利润一网打尽。"这个我们做不到，古往今来也没有任何一位圣贤曾经做到过。如果你不放弃这个看似平淡的要求，那就请不要继续阅读下面的内容了。

交易的诉求

在开篇中，我们引用了两段在交易领域接近于圣贤者的观点，但每一个普通投资者（我更喜欢称之为投机者或交易者）交易时的真正诉求是什么。当看到这个问题时，你可能会很气愤地表示："这不是废话吗？当然是为了赚钱；不是为了赚钱，我们干吗来交易？"请先别急，更不要生气。我当然知道你是为了赚钱而来，我丝毫也不怀疑你对此的专注与执着，更不怀疑你执着于此的智慧和勇气。

为了更加相信你的选择和智慧，请继续看完本节的分析再进入后面的学习，都是一些接近于老生常谈、但又很贴近你生活的问题。你可以在里面看到很多人的影子，如若没有你自己的影子在里面，那么恭喜你，你真的可以被称为"万里挑一的奇才"。

（1）很多人选择买股票、黄金和期货等，都是因为看到有人买这个赚了钱，听朋友说买这个很赚钱，或者是朋友说那只股票是好股票，会涨到多少多少。而你在加入之前，并没有阅读相关的专业书籍或者请教过专业人士，更没有付费去参加专业讲座。

（2）我终于买对方向了，今天一定要赚到10000块，赚不到我就不平仓。结果行情走到赚9600块就翻转了，最后不但没赚到，还倒赔上几万块。

（3）行情真的很好，这么好的行情我却空仓，实在忍不住了，先买进去再说，再不买机会都错过了。

（4）听说最近有什么消息，是内幕消息，要抓住这个机会大赚一票。

（5）我都连续盈利十几次乃至几十次了，我想我已经抓住所有交易奥秘，盈利只是信手拈来，什么巴菲特、索罗斯都不算什么。

（6）真是流年不利，都浮亏这么多了行情还不回来，应该不会赔更多了吧？趁现在价格好多补点仓，这样才能更快地赚回来。

（7）听著名媒体评论员说官方可能会救市（诸如此类的消息），赶快进去，跟上大部队，可不敢掉队而错过发财机会。

（8）看论坛上有一些要做股市"狙击手"、庄家"狙击手"的人，真的很佩服他们，真希望我也能成为这样的"狙击手"。

（9）看到媒体上有些股神每天都抓牛股，天天都买到涨停，真的太厉害了，我也要做到这样，这才叫高手。

（10）我先投入500美元，今年就靠它了，要求也不高，今年赚个十万、八万美元就够了。

（11）又被打掉止损了，真可恶，止损打掉行情就回来了。要是不设止损就可以赚到了，以后再也不设了，设止损老害我亏钱。

（12）机会怎么等都不来，干脆多做几个品种，哪个有机会就做哪个，这样机会多赚的会更多。

（13）上回做了5手赔钱了，这次要小心点，要是再赔钱就不好了，降低点仓位做个0.2吧。

（14）连续赚了6单了，手气不错，趁手气好下次交易量由1手增加到5手。

（15）很多人都说会涨，准没错！群众的眼睛是雪亮的，拼一把全仓杀入买多。

（16）听说有一种软件，只要花几千块买回来，开着电脑就能自动赚钱了，利润又高又稳定，这样的好事可千万不能错过。

（17）今天真倒霉，不知道美联储开发布会，结果市场剧烈波动害得我赔了很多钱。

这些都是交易者常见的问题，所反映的都是人之常情，但这些人之常情在交易上可是拦路虎，是万万要不得的。以上问题背后的逻辑我们分析和点评如下。

（1）赚钱还不是信手拈来，学那么多东西多麻烦，对于上帝眷顾的我来讲一定会走好运的。

（2）行情一定会随我所愿，我就是上帝的幸运儿。

（3）错过行情多可惜，勇往直前总是没错的。

（4）内幕消息传到你这里，你还以为是内幕，这得有多愚蠢。

（5）上帝要使其灭亡必先使其疯狂。

（6）幸运总会降临，亏损继续加仓，一直到幸运出现，就怕在幸运出现之前已经爆仓。

（7）如果把评论员的话也能当作交易依据，那未免也太天真了。

（8）认为自己有能力独自顶住一支部队而不是跟上它的节奏，简直就是超人。

（9）真要如此，不用半年他们已经是世界首富，实际上他们不是。

（10）只要100倍的年收益率，这要求也太低了。

（11）止损总是与我作对，所以不能带上它，去掉这个累赘我将展翅高飞。

（12）你会发现多数情况下你做哪个哪个赔钱，你错过的却都是赚钱的行情。

（13）这就像要把一辆卡车才运得了的货物装载到一辆自行车上。

（14）这就像你的老鼠夹子连续都夹到老鼠了，而今天你却想夹一只老虎。

（15）相信大众，但赚钱的总是少数人。

（16）很快你将吃着火锅、唱着歌，一边看着电脑盈利多到手发软，富豪榜上将很快出现你的名字。噢，不只是你，在你前面买软件的可能会比你先上。

（17）这就像蒙上眼睛过马路还不需要担心出车祸一样。

交易是严谨的，可不是靠着人之常情的想当然就能盈利的。投资大师乔治·索罗斯经常讲的交易哲学是"反身性"。要理解这个生僻的专业词汇是比较困难的，你可以简单地将其理解为"反人性"（这样理解很不准确，但不妨先这样理解）。交易者要想盈利就要尽量避免这些人之常情，只有避免这些，你才有可能真正走向交易的金光大道。

天才是孤独的，交易者也是孤独的。只有孤独者才能登上所在领域的高山之巅。学会孤独地欣赏交易，在百无聊赖之中等待属于你的机会，用理性的标准去衡量行情，而不是根据自己的主观愿望去进行投机。怎样才是理性的标准？这不是一两句话就能说清楚的，但你必须建立一套客观的交易体系，用交易体系去对行情进行过滤，这样才能做到尽可能的客观。

怎样去建立交易体系？这是一套巨大而又极具挑战的工程，对于多数普通投资者来说根本就无从下手，对于多数研究人员来说穷其一生也未必会有突破。我们可以算是幸运者，在十几年的交易实践中逐步总结出了一套有较高胜算的交易体系，并且将其用计算机语言固化下来。对于大多数交易者来说，只需要学会这套交易体系，并用怀疑一切的眼光去审视并验证交易体系的有效性。没学会就没有能力去验证，要验证就必须先进行足够的了解，有充足的历史素材才可以使用。验证有效以后剩下的就是在无聊中等待属于你的机会，敲敲键盘就能活得不错，为成为一个迈向金光大道的交易者打好坚实的物质和知识基础。

技术与技巧

我是看武侠小说长大的一代，武侠在我成长的路上扮演了非常特殊的角色。儿时的我就经常想象自己是武侠小说中的主角，一不小心就能掌握独步天下的绝技。因为具有这样的情怀，而我的家乡又没有武侠小说中的秀美山河，只有沟沟壑壑的丘陵。即便如此，我也时常幻想自己一不小心能够发现一处秘境，或者碰上什么奇遇……

也正因为如此，在我骨子里深深地刻种下了两个烙印，一个是绝招，另一个就是总相信自己会和武侠小说里的主角一样成为幸运儿的浪漫情怀，这两个烙印在我交易探索的路上会不时地交替出现。

现实中的绝招与想象中的永远不同，现实中不论哪家哪派的武功都是一个体系，都需要付出艰苦的努力才有可能掌握。至于一点就通，任何人都能马上掌握，从此独步武林的绝学，在生活中是不存在的，而只存在于我们曾经沉迷的武侠游戏中。这个道理几乎每个成年人都懂得，但在交易领域，人们经常反常识而行之，希望能够找到绝招且要一学即会从此走上金光大道。具有这样的浪漫情怀是好事，在通向成功路上也是不无裨益的，但常识就是常识，违背常识是要付出代价的。

经常能够听到经验丰富的投资者说到盘感，"谁谁谁的盘感真好""最近盘感很顺，盈利不错"，诸如此类的言语。那么何为盘感？我们认为盘感就是经验，以及经验的总结，就是根据经验总结的一些诀窍，任何人都可以有盘感。但经常在你想去一探究竟的时候，人家就会告诉你，这个真说不清楚。其实，人家说的也是真话，真的讲不清。我们中国人大多数都认可一句话叫作"只能意会不可言传"，这时候大概就是处于这样一种状态吧。

为什么会出现这样的情况？其实这不难解释，任何经验、技巧都有其背后的技术支撑（很多时候当事人自身也并不能清晰地了解其背后的技术因素）。如果你能够掌握其背后的技术要领，那么不但可以意会，同时也可以言传。很多时候这种"不可言传"都是由不对称沟通所造成的。因为不了解人家技巧后面的那些支撑因素，因此也就无法进行有效的沟通，进而导致讲的讲不明白、听的听不明白。到此我们就会提出一个问题，既然那么多人都有诀窍，那么到底该学哪个诀窍呢？

很多诀窍只是一种主观的感觉和粗略的经验总结，并没有严格的基于统计学的证据来证明。这样的诀窍虽然也经常威力无穷，但其可传播性、适用性相对来说都比较差。有的诀窍是从一套严谨的体系之中熟能生巧而诞生的一些巧妙的应用，这样的诀窍不但能够传承，而且还能够对技术体系形成更好的补充。

以上表述只是为了说明，只有你掌握了绝招背后的逻辑，才有可能真正地掌握到绝招本身。也就是说，绝招并不重要，只要你掌握好了技术，才会拥有自己的绝招。没有技术支撑的绝招是无本之木，不但不会给你的交易带来好的收益，反而可能会带来灾难。

为了尽快掌握绝招，必须先选择一门技术深入进行钻研。既然是技术就一定会有理论、有应用，但你首先要用怀疑一切的眼光去审视，因为你并不知道你将要学习的技术是不是真如其所言。只有以统计学的方式证明了技术的有效性，才能真的学以致用。这就要求你在学习的过程中，要尽可能发挥统计优势多做实例练习，这样一方面能够帮助你更好地掌握技术，另一方面可以佐证你所学的是否确实可用。

作为交易者（投机者），你关心的是什么？买卖的又是什么？其实，交易者并不关心商品的需求、替代品的发展和企业管理水平等，他们所关心的只是有没有差价可赚，也就是说交易者关心的只有价格。你买卖的从表面上看起来是商品，其本质上买卖的却是风险，是通过买卖风险来赚取差价，而商品只是个载体。看到这里，你可能会感到愕然，风险怎么买卖？这不可能！没有不可能，交易者所需要关注的核心就是风险，一切的交易目标都是在寻找低风险的时机来赚钱，风险管控才是成功交易员灵魂深处最核心的秘密。

交易情怀

在日常的交流中，我们经常提到交易是要有"情怀"的，那到底什么才是交易情怀呢？此处所讲的情怀是指有所为有所不为，要有"弱水三千，只取一瓢饮"的觉悟。市场上到处都是钱，这诱惑简直无人能敌，所以必须有情怀才有可能让自己保持清醒，确保自己不迷失在金钱的海洋里。

情怀，确实不是一句话能讲得清楚的。其基本含义就是要有节制，只去做有高概率的事情，绝不在半路为了一点小利而忘记终极目标。要实现情怀也需要一个过程，希望你能够从本章下面的讲述中悟到情怀的本质，一旦领悟并能将其落实，这一刻必将成为你交易生涯中的里程碑。

相信你的交易系统

利弗莫尔曾经告诫自己的儿子，每一次真正亏大钱的时候，就是听了别人意见的时候。初闻此语的人可能会感觉有点莫名其妙，但实际这是接近于真理的表述，至少我认为如此。

如若你的交易系统确实被证明是优秀的、符合高胜率特征的，那为什么不去遵循交易系统而是去听别人的意见呢？可能你会说，他水平可能更高、学识更广、比我更有钱、更聪明等，你可能会给出上百种理由，但这都不妨碍说你违背了基本的交易规则，那就是一旦证明了你所用交易系统的有效性，剩下的唯一的事情就是去执行它，不论听到谁的建议都不能阻碍执行你的交易系统。

容易受外界干扰是人的本性，一旦外界干扰效果足够强，人就容易预设答案，而不是根据客观的技术框架去推导答案。这几乎发生在每一个人身上。为了避免人性的这一弱点，有时我们甚至会采用盲视推导模式，即对系统学习过的人员采取考试的模式得出答案：将当前行情的特征一一记录下来，并将其作为一份问卷发给所有受过训练的人，让其根据给出的证据得出结论，并且还要说明得出结论的理由和论据，然后由助理将收回的问卷进行统计分类，进而得出答案。

但对于独立交易者来讲是不可能有这样的条件的，只能求助于形成良好的工作习惯，每次都根据技术规范来推导结论，绝不预设结论然后去找证据来证明自己结论的正确性。一旦预设了任何结论，你都有办法找到足够多的证据来证明你的结论有多么英明和伟大，毕竟行情不是涨就是跌。所有证据都一边倒的情况是很少存在的，就是证据真的一边倒，因为心理作用在作祟，所以你也可以选择无视其中的关键证据。这不是在说胡话，活生生的人就是会面对这样的困惑，并且这是一个必须克服的挑战，在交易生涯中预设结论的魔鬼时不时都会蹦出来，一定要用理性分析的良好习惯来将魔鬼击退。

认清你的敌人

在交易市场上，你不会有具体的某个敌人。所有参与者都跟你一样，希望盈利的人，他们只是想赢钱而并不关心钱从哪里来，所以在交易市场中你并没有确切的敌人。就像巴菲特一样，他赚了那么多钱，是不是应该敌人特别多（至少那些赔钱的人该嫉恨他吧）？但事实却是，人们不但没把他当敌人，反而将其推上神坛奉若神明。

在交易市场上，你的敌人又确确实实存在，那就是贪婪和恐惧。贪婪使人迷失，恐惧使人畏缩不前。只要能够克服这两个敌人，在交易生涯中每个月都将是收获季节，不再会有冬天，也更不会有暴风雪。因为贪婪，交易者经常会不知所从，盲目地去追涨杀跌；因为贪婪，交易者经常不达目的誓不罢休；因为贪婪，交易者害怕错过交易机会，不待时机到来而忍不住匆匆杀入；因为贪婪，交易者经常孤注一掷……这些都是交易者要尽可能避免的。交易是一门严谨的科学（虽然其技巧有艺术成分，但那不妨碍它的科学性），它有严格的交易纪律需要遵守，是随时都要遵守大数法则，随时都要对市场保持敬畏，而不是乞求上帝将好运降临到你的头上。在交易中，市场就是上帝，你随时都要跟上市场的脚步而不是与其作对。

一旦出现了亏损，很多交易者就陷入进退维谷的恐惧之中，机会再次出现也不敢再下单（或者将仓位降得很低很低），等机会错过就拍大腿扼腕叹息。没有哪个交易大师是没出现过亏损的，交易亏损就像炒菜的勺子不碰锅沿是不可能的，亏损是交易不可或缺的组成部分。在交易中，要培养对交易规则负责的态度，而不是对每一单的结果负责。对交易规则负责，就是对整体结果负责。因为交易规则是被统计学证明有效的，为了整体的盈利一次乃至几次的亏损都是正常的，也是必然要发生的。

属于你的盈利

很多交易者都想在最低点买入、最高点卖出，将利润一网打尽。为达到此目的，他们不停地在下跌过程中抄底，却每每都抄在了半路上。利弗莫尔称："我从来不追求在最低点买入、在最高点卖出，追求的是最合适的买点和最合适的卖点。"

想把行情的利润赚完，这几乎是每个初学者都在努力尝试的疯狂之举，既然疯狂那代价也必然高昂。利弗莫尔的观点是寻找最合适的点位。什么是最合适的点位？最合适我的点位和最合适你的点位会一样吗？当然不一样，因为采用的策略不同，所以最合适点位的选择也就不同。怎样找到合适的点位？那首先要看你采用的策略，也就是说，点位只是选择的一个结果而不是原因。你的原因早已经在你作出选择之前就确定了，那就是你所采用的交易系统，属于你交易体系内可以把控的利润那就是你的，不可把控的部分也就不要去奢望。换句话说就是"只去拿你有能力拿到手的利润"，而不是在贪婪的过程中连手都丢掉了。

交易中总是有错过机会的感慨，经常懊恼自己又错过了一波大行情，发誓以后不再错过，只要机会出现就绝不犹豫，结果是机会没来自己却已经开仓进场了。这种交易心态发生在大多数交易者身上。为什么会这样呢？其实都是因为潜意识里在对利润负责，总是感觉自己错过了大幅盈利的机会。岂不知市场上属于你的利润是很少的，只有符合交易系统规则的利润才可能是你的，其他的都是市场的，跟你无关。要培养这种对规则负责的意识，而不是对利润负责。一旦对利润负责，人就容易因为害怕错过获利机会而变得冒进。"富贵险中求"就是对这种心态的恰当描述，而当事人可能对这种冒进并不自知，甚至还沉浸在冒进所带来的收获中不能自拔。

每个交易者都有其特定的心理特点，因为心理特点的不同，每个人所适应的交易模式、交易频率都会有所区别，所以更好地认清自己的心理状态（比如有的人是高风险偏好、有的人是谨慎有余、有的人喜欢短线搏杀、有的人天生就是猎手等）。选择更适合自己的交易模式，将有助于成功。

耐心是成功的关键

在交易中，你就像一个猎人在等待猎物出现，你唯一能做的就是耐心等待。猎人是等待猎物进入射程，你是等待交易机会的出现，除此以外你什么都做不了。当然并不是所有猎人都需要这样才能捕获丰厚的猎物，也有的猎人选择围猎，但这通常不是普通人有能力染指的。

对于初学者来说，耐心是很难具备的，就像打猎也需要积累经验一样（比如经常打个鸟练练手），初学者也可以选择相对机会较多的操练方式，逐步修炼为一名老练的猎手（具体可以参照"交易的修炼"一节中的内容来进行练习）。

我们经常讲，机会是等出来的，这是至理名言。市场永远不缺交易，价格只要在波动就说明市场中有人在交易。每个人的交易风格不同、交易理由不同、交易目的也不同（要知道并非所有人都是为赚钱而来）。但属于你的机会一定是少之又少的。市场就像一座大金矿，取之不尽、用之不竭，敞开大门随时欢迎每个人来挖，任何人都可以轻易挖到金子，问题是最后能够把金子带回家的人才是真正的赢家。挖金子的机会随时都有，带金子回家的机会则不多。要想把金子带回家，就必须有耐心，等待真正属于你的机会出现，然后毫不犹豫拿走你的金子，而不是去挖别人的金子，甚至最后连铲子都赔掉。

对错并不重要

人都有一种想证明自己决策正确的原始冲动，并且不愿意承认过去决策的失败。为了证明自己的英明神武，在交易中经常就会持仓死扛，扛到爆仓甚至都不服气。这在交易实践中可是司空见惯的，这是有心理学证据的，自然也是普遍现象。

怎样来避免出现这种现象，这必须靠引入标准，并且严格地执行标准。标准清晰了，如果自己执行不了那就请人来协助执行。比如，制定交易规则，一次交易最多只能亏掉本金的5%，不论出于何种理由到了5%就要坚决斩仓。只有如此，才能避免这种希望胜利的愿望下所造成的恶果。这对执行力有绝对的要求，只有执行到位才能为实现交易目标保驾护航。

亏损的交易也是交易成本的组成部分，只要盈利交易所赚的整体高于亏损交易所赔的，累积下来仍然可以是一个巨额的数字。没有一种生意是不需要成本的，亏损的交易也是一种成本，并且是必须承担的成本。只要盈利整体大过亏损，这就是正期望值的交易系统，是好的交易系统。不拘泥于单次的对错，只对整体负责，而只有对规则负责才是真正的对整体负责。

直觉是魔鬼

交易者在观察行情时都会有某种感觉，感觉行情会怎么走，这就是我们所讲的直觉。并且当你回忆你所有曾有过的直觉时会发现，你的直觉简直是无与伦比的印钞机，因为你的准确率高到令人难以置信。这不是在说胡话，而是市场中多数交易者的切身感受，这可能也是市场中总是不缺少前赴后继进入者的原因之一。之所以有这种感受，其实并不是你自己的本意，我们将这称为"选择性过滤"，即人脑会自动弱化对预设结果不利的因素，也就是说，大脑会强化那些你猜对的行情、忘记（忽略掉）你猜错的行情。

我们的大脑在潜意识里就对自己的主人充满善意，但这些善意一旦用在交易决策中，那你得到的后果将会是残酷的。交易是一个靠证据吃饭的差事，绝不能靠善意来过活。放弃你的直觉吧，不要总是把"我觉得"放在嘴边，而是要学会随时随地用证据来说话，用证据来推导结论。

认清交易成本

只要是在市场内进行交易，就一定要付出成本。要是没有成本，那么市场也就不存在了，而交易成本的组成又不仅仅指市场成本。我们将交易成本分为三类：执行成本、试错成本和心理成本。

（1）执行成本。执行成本是指在交易指令被执行时所需要付出的成本，这包括交易服务商所收取的佣金、监管部门收取的规费，以及买卖报价之间的买卖差价等。

（2）试错成本。所有交易者在交易中都要面对亏损的交易，亏损交易是任何交易系统都必须面对的，它自身也是交易成本的组成部分。

（3）心理成本。这个成本解释就比较复杂了很多交易者经常会跟试错成本纠缠在一起。在严格执行交易系统的情况下发生的亏损才能归属于试错成本。心理成本是交易者在心理因素作用下违背系统原则所造成的损失。对很多交易者来说，这是最大项的成本。如果能够避免这项成本，那么多数交易者都会盈利。

违规有奖

有一种奖励叫作违规，这种奖励你听过吗？可能你想都不敢想，因为生活中到处都充斥着违规要受惩罚，怎么还会有违规奖励呢？在交易的世界中，真的存在"违规有奖"这种情况。如果你随便买一张单下去，只要你不设止损而你的本金又足够，有超过90%的可能你会赚钱，你理解了吗？可能你并没明白我所要表达的意思，我们还是举例来说明。

（1）你做了一个多单交易，设定止损是3块钱；

（2）行情回调了，结果打掉你的止损，后来跌到4块就又涨上去了；

（3）你要是不设止损，你就不会亏损3块，反而有盈利；

（4）你又做了一单，设定止损为5块钱；

（5）行情又回调了，结果止损又被打掉，后来跌了8块钱又上去了；

（6）你要是不设止损，你就不会亏损5块，反而有盈利；

（7）……中间继续被打止损N次（中间也夹杂着一些盈利单）；

（8）从此，你不再设止损，而交易也都变成盈利鲜有亏损了。

上面一个示例过程你看到了吗？按规则设止损的受到了市场的惩罚，亏钱离场，不设止损的不但没有亏钱反而还赚钱。在这样强力的诱惑之下，以后你还会设止损吗？我相信绝大多数人是不会再设止损了。并且还有更好的消息，就是不设止损的你从此就变得非常神勇，几乎天天赚钱，盈利不菲。从此你便成了上天的宠儿，甚或感觉自己已经掌握了交易的真谛，而所有这一切建立的基础不过是："只要不平仓，行情总是会回来的。"

但万事总有例外，一旦碰到大行情，行情就真的不会再回来了，你将把利润和本金一块赔进去。这也就是为什么一旦出现大行情扛单的交易者都赔钱（这样的行情可能占比也就10%左右），而震荡市交易者只要忍住不止损就都赚钱的原因所在。犯错得奖励，奖品是来得又快又实在的真金白银——刷刷响的钞票，那诱惑力自然是无人可挡，但总会在最后一次要你偿还所有。知道结果后，这样的奖励你还愿意要吗？理智告诉你不能要，但通常的回答依然是：我愿意！

聪明的你可能马上会找到可乘之机，你会说："我只要不参与最后一次游戏就行了。"这么想确实是聪明之极，但问题是没人知道哪一次是最后一次，第一次也可能是最后一次，第二次也可能是最后一次，任何一次都可能是最后一次。

优良的品德

在日常社会生活中，人们对"朝秦暮楚""临阵倒戈"这样的行为都非常不齿，对"坚忍不拔""忠贞不二"这样的品行都给予高度赞扬并效仿之。很多时候，交易者也会把这些优良的品行带到交易之中，做一个坚定的空头或坚定的多头，并认为这才是正道、是正义之士。但事实是，交易自身并没有什么正义、也没有善意与恶意（经常见诸报端的恶意做空、恶意频繁交易等罪名都是连基本概念都没搞清楚者的无稽之谈）。交易中所需要的交易品行与社会生活中所提倡的品行不只是不同而且是相反，交易中需要的不是"坚忍不拔""宁死不屈"，需要的恰恰是"左右逢源""见风使舵"。要尽可能把股票交易与现实生活分开。如果能在交易中将"见风使舵"发挥到极致，那将是无往不利。在多空双方力量对比发生转变的时候，要毫不犹豫地加入强势的一方，要让这种"见风使舵"的优良传统在交易中得到发扬，这才是成为一名优秀的交易者的关键。

行情分类与机会

孙子云："兵者，诡道也，故能而示之不能，用而示之不用，近而示之远，远而示之近。"这里讲的是战争中充满了欺诈，虚虚实实，真真假假。孙子又云："知可以战与不可以战者，胜。"大意是知道仗什么情况下可以打，什么情况下不可以打的将领，才能打胜仗。能审时度势、知己知彼的将领在战争中善于采用灵活机动的战术，打得赢便打，打不赢便不打，不受感情支配，不盲目行动，这样才能打胜仗。

金融市场经常被形容为没有硝烟的战场，很多战争中的战略和战术应用在金融市场上有异曲同工之妙。交易就像行军打仗，在充满欺诈、真假难辨的金融市场中，怎样做才能取得优异的交易成绩呢？成为一名优秀的交易者又需要掌握怎样的技能呢？作为一名交易者，最基本的要求就是能够认清当前所处的市场境况，或者说你在做一笔交易之前就要搞清楚这笔交易的风险与收益比率是否超值。而市场的基本境况只分为三种：上涨、下跌和盘整。接下来，我们将对这三种市场境况进行分类说明。

（1）上涨行情。当一种商品的价格在波动过程中不断出现新的高点，而不出现新的低点，就定义为上涨。如下图所示，价格走势符合最近一个高点比前一高点高，且最近一个低点比前一低点高。

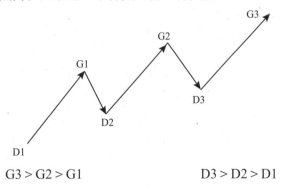

G3 > G2 > G1　　　　　　　D3 > D2 > D1

（2）下跌行情。当一种商品价格在波动过程中不断地出现新的低点，而不出现新的高点，就定义为下跌。如下图所示，价格走势符合最近一个高点比前一高点低，且最近一个低点比前一低点低。

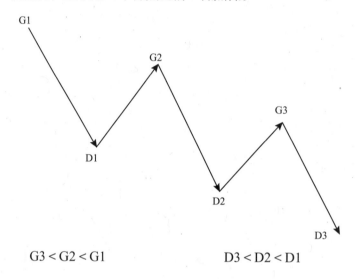

G3 < G2 < G1   D3 < D2 < D1

（3）盘整行情。当一种商品价格在波动过程中，既出现新的高点又出现新的低点，或者既不出现新的高点也不出现新的低点，就定义为盘整。如下图所示，价格走势符合最近一个高点比前一高点高，且最近一个低点比前一低点低；或者最近一个高点比前一高点低，且最近一个低点比前一低点高。

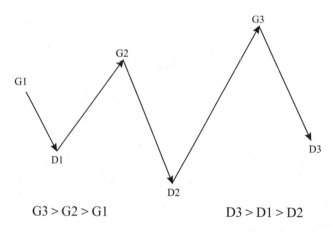

G3 > G2 > G1   D3 > D1 > D2

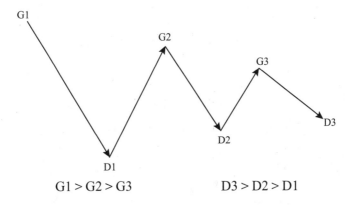

G1 > G2 > G3   D3 > D2 > D1

任何商品的价格走势都能分解成以上三种基础走势，并且在任何周期下行情的走势也都可以分解成上涨、下跌和盘整三种基本情况的组合。因此，基础行情只分为上涨、下跌和盘整三类。

当一种商品价格开始上涨后，一共会有三种后续行情出现，分别如下图所示。

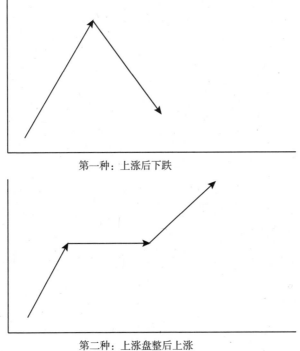

第一种：上涨后下跌

第二种：上涨盘整后上涨

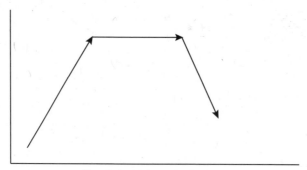

第三种：上涨盘整后下跌

　　按照如上逻辑，当看到一种商品价格正在上涨的时候，我们就去追多，只有一种情况是盈利的，另外两种情况都是亏损的。也就是说，在上涨的过程中，追多的成功的概率只有1/3。

　　当一种商品价格开始下跌后，也同样有三种后续可能，分别如下图所示。

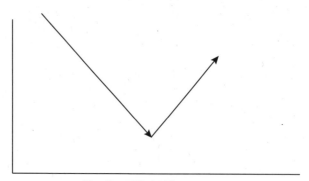

第一种：下跌后上涨

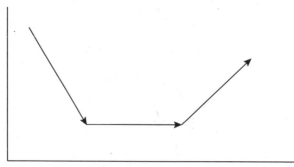

第二种：下跌盘整后上涨

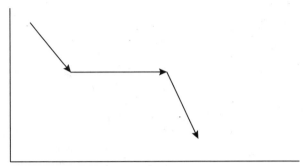

第三种：下跌盘整后下跌

按如上图所示，当看到一种商品价格正在下跌的时候去追空，只有第三种情况是盈利的，前面两种都是亏损的。也就是说，我们追空成功的概率同样也只有1/3。

需要说明的是，市场上的价格走势组合不外乎以上六种。通过上面的论述可以看到，交易中盲目地追涨杀跌只会大概率地让自己的金钱白白牺牲。那应该怎样来选择有利的交易时机呢？先不急，我们继续展开论述，先以多头为例来进行说明。

当一种商品价格确定上涨趋势后，其走势图如下所示（因为价格盘整时一般波动不大且不参与交易故暂且忽略）。

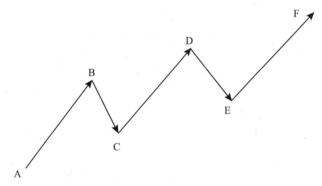

C、E为最佳交易时机

上图中，其中上涨的阶段有 AB、CD、EF，其中回调下跌的阶段有 BC、DE。

通过前面的论述可以看到，如果在 AB、CD、EF 这三个阶段去追多，成功获利的概率只有 1/3；而在 BC、DE 这两个阶段去寻求机会做多，成功获利的概率有 2/3。也就是说，在商品价格上涨趋势中，寻找回调下跌结束的时机来做多，则会有更高获利的可能。如果能够在最佳位置 C 点和 E 点做多，那获利的空间无疑将是最大的。在交易中，我们又该用怎样的技术手段去找到 C 点和 E 点呢？

下图是下跌过程的示例图，C 点和 E 点同样也是最佳交易时机。

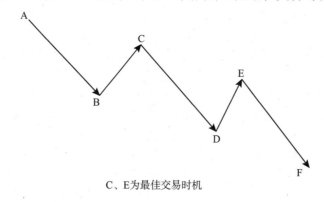

C、E 为最佳交易时机

先不忙于解释如何去寻找 C 点和 E 点，为达到这个目标，我们首先需要知道行情是怎样发展的。任何一波行情在理论上都可以分为三个阶段（现实中行情并不一定有始有终）：行情启动、行情发展和行情终结。

如果能够找到行情的启动点或者终结点，那是不是就能够有效地帮助我们找到 C 点和 E 点了呢？下面将针对行情的终结来进行论述。正所谓一波行情的终结必然是另一波行情的开始，若是能够找到行情的尾部就意味着也能找到行情的头部。一旦实现这一点，将为我们的交易之路打开无限遐想的空间。

备注：

以上表述中漏掉了一种极端情况，那就是在超级多头行情中，随便什么时候追涨买入都能盈利；在超级空头行情中，随便什么时候杀跌买入也能盈利。但超级行情很少发生，很多时候即使发生了也只有等到行情结束才知道这是超级行情，因此我们在本书中并不针对超级行情进行专题讨论。其实，即使考虑到超级行情，柯蒂斯·费思在其大作中也明确指出："上涨中追涨、下跌中追跌的失败概率有65%~70%。"这与我们上面的分析是一致的。

市场的情绪

巴尔尼·温克蔓在《华尔街10年》一书中说："在投机力量的撞击中，情绪所扮演的角色已经偏离了商业和行业的常轨。如果不重视这一点，就无法充分地解释股价脱离其商业环境的现象。人们若是只想把股票变动与商业统计挂钩，而忽略股票运行中的强大想象因素，或看不到股票涨跌的技术基础，就一定会遭遇灾难。因为他们的判断仍是基于事实和数据这两个基本维度，而他们参与的这场游戏，却是在情绪的第三维和梦想的第四维上展开的。"

以上这段描述我们可以理解为：市场是有情绪的。其实，这也不难理解，市场是由人组成的，由许许多多的投资者组成的。投资者是有情绪的，因而他们所组成的市场也是有情绪的。这一切看起来很正常，可能你还是会说这怎么可能？首先放弃市场，回到现实生活中，我们经常会讲某个国家的人怎么样，某个地区的人怎么样，这难道不是说人的情绪或特质的反应？再比如，TFboys的粉丝和韩寒的粉丝，他们也跟一个市场里的投资者一样，是由许许多多的人组成的。要是你认为他们没有情绪，你去惹一下，试试看。因为他们的粉丝组成不同，所以他们的整体粉丝情绪也是有区别的，你到他们的粉丝群体中去观察留言就能看到明显的风格区别。

让我们回到投资市场里来，由于每只股票的参与者不同，每种商品的参与者不同，因此也就注定了他们都有自己的脾气，正如利弗莫尔所说的一样。既然每个品种都有自己的脾气，那我们是不是就没办法对更多的品种展开了解了呢？就不会有比较通用的研究方式了吗？当然不是，就像每个村子都不一样，但同时它们还有很多共同点，比如一天三顿饭、孩子要上学、人们也睡床上、男女有别、渴了也要去喝水等，有众多的共性。但是你可能也会发现，这个村子的人都是6点左右吃早饭，而另一个村子则是6：30；这个村子的人吃羊肉多，那个村子的人吃猪肉多……

这种人群的差别在交易市场中一样会通过投资行为得到表达，这种表达会有其自身的特征，在每个品种上的表现也会有所差异，就像小麦的走势图与原油的走势图一点都不同。在这种差别之下，你要是专注于观察某一个品种，那你自然更容易摸准它的脾气，可能也会更容易把握好的投资机会，这也是专注所带给你的回报。

投资者情绪在市场中是怎样发挥作用的呢？投资跟生活不同，发挥作用的途径只有一条：通过买卖来推动价格走势（我们称之为用钱投票）。因此，也可以将价格变动理解为投资者情绪的反应。当然，可能你无法通过价格还原出来某一个具体投资者的情绪，但作为群体的投资者情绪则在价格变化中表露无遗。

投资者一共分为三类：买多一方（称为多头）、买空一方（称为空头）、观望方（空仓尚未买入），因此市场情绪永远是由这三方组成。市场价格的变动就是由多方与空方力量对比变化所推动，哪一方能够吸引到更多的观望方加入，哪方就会更有优势，而观望方在主观上从来都是帮助优势一方，所以市场总是有强者更强的特征（这就可以解释，为什么抄底的基本都死在半山腰，摸顶的都死在山坡上）。市场最大的好处就是一方永远没有办法消灭掉另外一方，所以如果我们能够分析出强者变弱、弱者变强的变化轨迹，无疑将对于投资决策有巨大的帮助。

行情的轨迹

乔治·索罗斯的名言之一是："市场自然有办法实现自己的预言。"这句话至少包含以下两方面的信息。

（1）从长远来看市场总是对的，你无须怀疑。

（2）市场的未来总是隐藏在过去与现在之中，从来不会缺席。

关于第二点，我们换一种表述方式其观感将大为不同，就是通过对市场的历史表现进行分析，能够为它的未来表现找到证据。而市场的历史表现总是如实地写在下图这样的K线图之中，我们又能从这里挖掘出一些什么有用的信息呢？

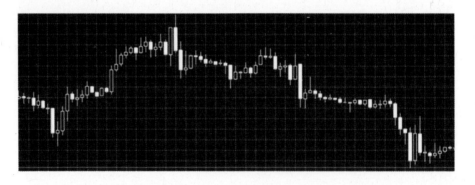

价格的起起伏伏都在K线图上，K线图总是在涨跌之间转换，乍一看也发现不了什么。这就需要有专门的手段来对行情发展进行分析，从而找到我们想要的证据。既然交易市场里有金子可挖，那就永远不缺聪明之人发明出各种分析工具来分析金子的分布规律。市场上对于K线图的分析有太多的技术流派，包括波浪、江恩轮、平均线、移动平均线、加权移动平均线、布林通道、MACD、KDJ、斐波那契数列、RSI、CCI和ATR等。只要在图上加入以上任何一种辅助措施行情，就将立即变得更有规律，如下图所示。

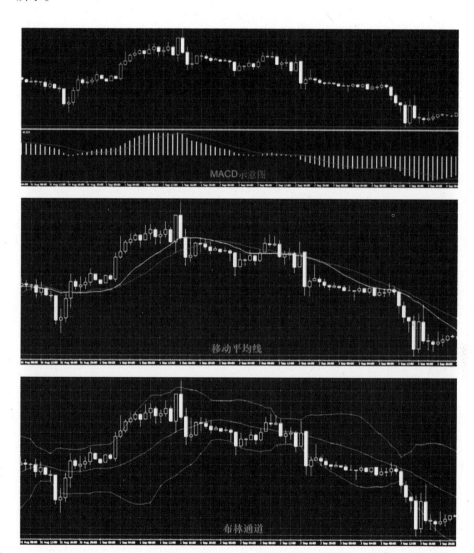

以上加入了指标的K线图立即变得更有规律可循了，但在怎样预示未来、有怎样的证据来预示未来这些根本问题上，每种指标都有自己不同的表达方式，有时候还是相互冲突的。这给研究行情演化规律的投资者带来

了很多困扰：到底哪个指标是对的？哪几种指标相互叠加会有奇效？每种指标在什么行情上表现最好？

在我们看来，所有这些指标都对行情变化具有一定的预示性，但对行情当前所处的状态则没有相对清晰的表达。生活经验告诉我们，要是对当前自己所处的状态都不清楚就去对未来妄下断言，常常是没有好果子吃的。我们努力寻找能够明确告诉我们"当前行情处于何种状态"的技术指标，但遗憾的是并没有在市场上寻找到。没有办法，我们也陷入行情图的疯狂分析之中，以期找到能够对行情表达更有帮助的办法。好在经过诸多努力，终于找到了办法，并且有了更清晰的表达，如下图所示。

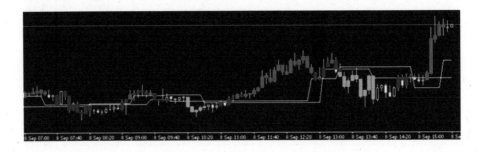

通过数据模型可以还原投资者的群体行为，将投资者的行为分类用颜色和水平线投射在K线图上，这使得我们随时都知道市场当前处于哪种行为逻辑的表达之中，这种行为表达是怎样实现的，以及这后面的数理逻辑是什么。

最佳实践——行情转变的临界点

乔治·索罗斯在解读用"反身性"来寻找投资机会时，总是强调要在临界点到来前就去发现它并作出部署，利弗莫尔也强调在趋势即将发动的时候入场，这些表述都很明确地指向了要把握行情多空转换的临界点。

被称为华尔街精神教父的罗伯特·希勒教授，提出的反馈环理论很好地解释了市场强者更强的特性，也使我们了解到当正向反馈转向负反馈时可能就是市场趋势即将逆转的时刻。正所谓殊途同归，这些伟大的投机家、学者的研究都指向寻找行情发生转折的临界点，但这些伟大学者都没有给出比较明确的实践工具用以对市场进行识别。按照这些伟大理论体系去构建找寻行情转折临界状态的交易体系，对于每一个普通投资者来说几乎是不可能完成的任务。

我们并不是希勒教授那样的大学者，也没有能力将希勒教授的反馈环完整地应用到证券投资之中。但我们注意到，在希勒教授发布学术成果之前，也有投资者能够与理论上一样精准地通过抓住行情转变的时机来取得超额回报。这些投资者又是怎样抓住这种机会的呢？

投资是一个注重结果是否有效但并不注重所用工具是否完备的领域。不论用的是怎样的工具、怎样的理论体系（是否完美都不重要），只要能够有效地帮助盈利就行。上文的叙述与铺垫，就是为了表达一个基本道理：行情转变的临界点才是我们要寻找的最有效的交易机会。既然为了高额回报而来，自然要去等待最有效的交易时机。那问题又来了，该怎样识别行情转变的临界点呢？

行情转变的临界点只有两种：一种是多头行情准备结束，另一种是空头行情准备结束。市场上有很多高手，他们能够非常精准地把握行情转折点，甚至连点位都报到误差在几个点以内，确实令人惊叹。对于行情转折点的把握越精准，每一次交易的试错成本就越低，这也是投资者为什么努力提高交易精准度的根本原因。道理虽如此，但不论怎么努力，试错成本都不会降为零，因为**行情转折是在一个价格区域内逐步集聚完成**，而并非像乒乓球反弹一样是在一个平面、一个瞬间完成的。

为了找出这样的转折点，很多人都作了大量的尝试，在网上随便搜索一下都能得出数十万条的搜索结果，各有各的道理。可能最早对行情转折点进行描述的技术指标就是KDJ了，但KDJ实际是一个右侧指标。也就是说，通常只有行情已经由多头完成向空头转变，KDJ才能感应到。这种后知后觉使我们没法像利弗莫尔和索罗斯那样在行情转折的关键时刻完成布局，从而为交易博得更为丰厚的回报。

后面的部分将不再对寻找临界点的探索过程进行陈述，而是要开始逐步介绍我们寻找临界点所使用的方法论。这是一个逐步深入的过程，虽然我们没有罗列这种方法背后的数理逻辑，但仍然有一些晦涩难懂甚至需要积累较多经验才能领悟的地方。我们将算法融入了计算机，给出了图形化的表达方式，这使整个过程的难度显著降低，也显著拉近了交易理论与投资者之间的距离。

交易者中经常流传着一句话："行情总是惊人的相似，但又不完全相同。"其实，这句话是源于另一名言："历史总是惊人的相似，但又不是简单的重复。"市场技术分析所建立的假设前提都是"历史总会重演"，寻找重演的历史也就是整个交易分析技术中最重要的表达。行情的转折点也秉承了这一点，总是有惊人的相似，而我们的探索目标就是找到这些相似的机会，来实现我们的盈利目的。为了在相似又不简单重复的历史中找到那些再次来临的机会，就必须做足够的训练。没有足够的训练，在捕捉机会时难免会陷入似是而非的左右为难之中。

行情信息在计算机屏幕上表达得越充分，认知起来就会越容易。这就像描述一个人的长相，你只描述了脸有多长多宽，而没有描述鼻子、嘴巴、眉毛、眼睛和下巴等细节，因此就很难有人能知道你讲的是谁。马儿科夫系统比传统的K线图表达的信息要多出很多倍，因此在同等情况下要认出那些"似曾相识的历史"就相对容易得多。

当你回顾人类历史时，你就会发现历史是多么不完美。有人形容说历史充斥着残缺的美，行情也是一样，"残忍到不行，却又美到无法拒绝"。虽然行情的历史表现被准确记录在案，但对行情历史的解读一样也不完美，能够被重演解读的行情只是非常少的一部分。若你想对行情的每一步变化都给出一个合理解释，恐怕是不可能的。这也就是为什么我们总说"属于你的机会很少"，你需要学会认识"属于你的机会"，还需要有足够的耐心等待"属于你的机会"。在机会出现后，还要有足够的勇气去抓住它，而不是像歌曲里唱的那样"眼睁睁看它溜走"。

市场行为与交易机会

在传统的K线图中，每一根K线都是一个结果的体现（最高价、最低价、开盘价、收盘价，表现的都是结果而非过程）。而"马尔科夫高胜算决策交易系统"中的K线则是结果的表达，同时也是过程的表达。这听起来有点矛盾，实则不然。传统K线表达的信息马尔科夫系统中的K线也都表达了，但马尔科夫系统中的K线还表达了市场行为的过程信息。这使马尔科夫系统中的K线要表达的信息量比传统K线多很多倍，因此马尔科夫系统引入了更多的颜色，同时也在K线的颜色变化过程中赋予了更多的信息（每个价格变化都会在着色时留下市场行为的痕迹）。也就是说，马尔科夫系统中的每根K线还通过颜色的精细变化记录了价格变化的整个过程。

K线颜色

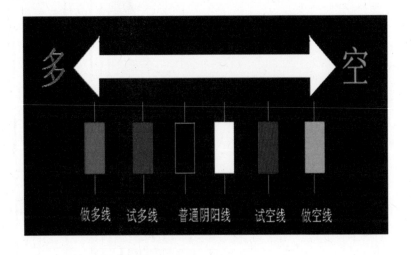

如上图所示，马尔科夫系统中共有六种K线，表达以下不同的意义。

（1）红色。表示做多，是指市场当时的显性行为是做多状态。

（2）紫色。表示试多，是指市场当时的显性行为是尝试做多。

（3）绿框空心。普通阳线，指收盘价大于开盘价的普通阳线。

（4）白色实心。普通阴线，指收盘价小于开盘价的普通阴线。

（5）蓝色。表示试空，是指市场当时的显性行为是尝试做空。

（6）绿色。表示做空，是指市场当时的显性行为的做空状态。

在传统的分析图表中，K线柱子颜色都是完整的，但在马尔科夫系统中，K线颜色并不一定是完整的。"半截颜色"的柱子具有更为特殊的含义。

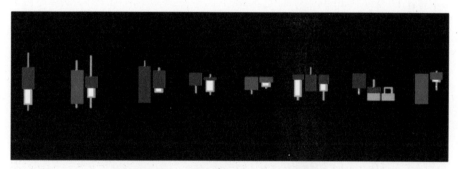

半截红色、半截紫色，表示涨不动了

上图所示是半截的紫色和红色K线示例，这些K线有颜色的部分可以是大半截、小半截、1/2截、1/20截和8/9截……所有这些都表示上涨的末端，我们称之为"涨不动"。需要明确的是，涨不动不等于就会跌，涨不动是指当时市场表现出上涨无以为继的状态。后面经过调整可以继续上涨，也可能转为下跌。

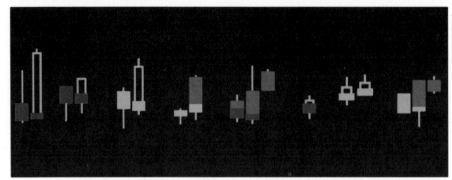

半截绿色、半截蓝色，表示跌不动了

如上图是半截的蓝色和绿色K线示例，这些K线有颜色的部分可以是大半截、小半截、1/2截、1/20截、8/9截……所有这些都表示下跌的末端，我们称之为"跌不动"。需要明确的是，跌不动不等于就会涨，跌不动是指当时市场表现出下跌无以为继的状态，后面经过调整可以继续下跌，也可能转为上涨。

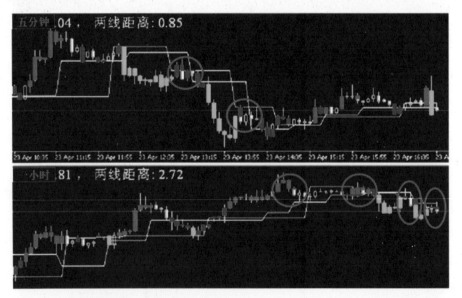

先观察上图中红色、紫色K线都在什么位置出现。再观察上图红圈内的半截红色和紫色都在什么位置出现。然后，再继续观察下图中红色圈内及箭头指向的涨不动，看有什么规律。

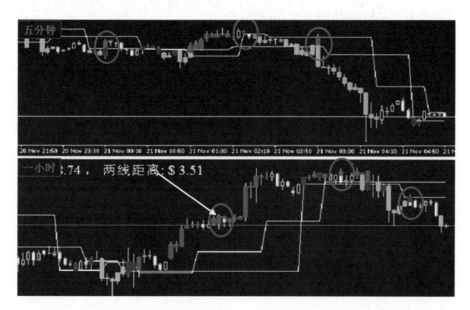

同样，请观察下面两张图中蓝色、绿色K线都在什么位置出现。再观察图中红圈内的半截绿色和蓝色都在什么位置出现。然后，再继续观察出现这些跌不动后行情的变化是否有规律可循。

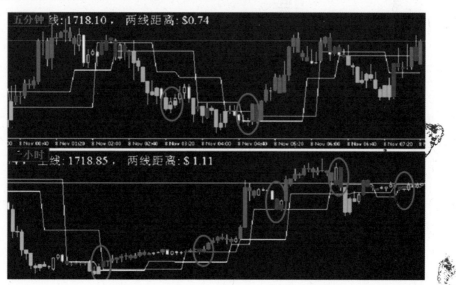

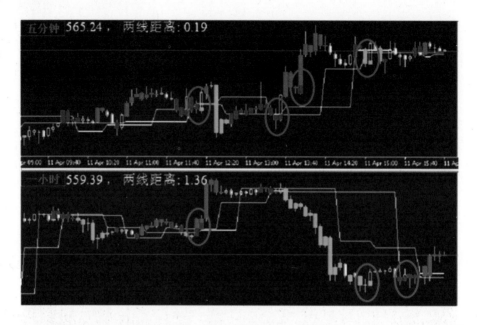

通过对上面四张图的观察，是不是感觉有点很奇妙？要是下载更多的图库来观察，这奇妙的感觉是不会消失的，还会使你有更多收获。因为这就是行情的末端给你带来的直观感受，我们就是用这样的方式把行情末端以图形方式展现在图表之中，因此你才会有这样的感觉或者说直觉（因为人的眼睛对颜色和图形的识别能力是非常强的）。那是不是找到了这些"涨不动、跌不动"就可以开始自己的交易之旅了呢？要是心急的话是可以了，但你会发现你仍然无法盈利，因为虽然找到末端，但你进入的时机却并不一定合适。

关于上述的由半截颜色K线标示的涨不动、跌不动进行如下追述说明：半截红色或半截紫色一定是涨不动，但涨不动不全都表现为半截红色和紫色（具体可以参考附录文章进行理解）；半截绿色或半截蓝色一定是跌不动，但跌不动也一样并不全都是半截绿色和半截蓝色。

行情起点

通过上面的观察或许你已经注意到了，系统有两条线：一条黄线、一条白线。这两条线随着行情的起起伏伏时而分开、时而并拢。除此之外，这两条线还起到了划分地盘的作用。线上叫作多方地盘，线下叫作空方地盘。细心的你可能已经发现，红色K线从未出现在线下，绿色从未出现在线上，而蓝色和紫色总是在靠近两线附近时出现的概率更高，这就是地盘划分的功用之一。请参见下面两图。

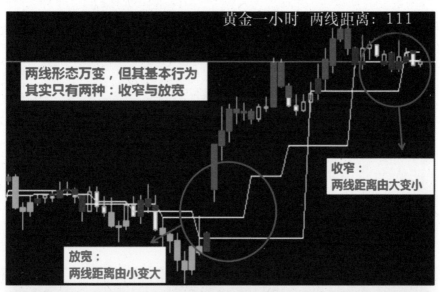

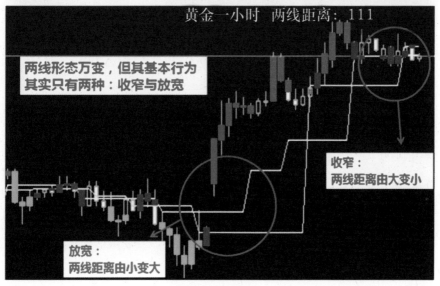

行情的起点，即行情是从什么时候开始启动的。细心地回顾上面的图例，好像所有上涨的行情都是由线下作为第一发动点，下跌的行情都是由线上作为第一发动点，是否有这个感觉？具体参见下图。

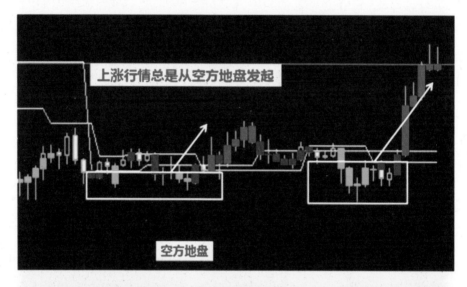

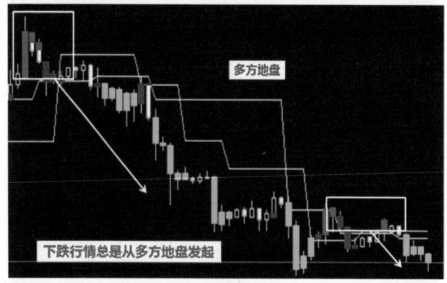

止涨与止跌

自然界的很多事情都是起起伏伏、有起有落，就像我们扔一个篮球在地上，球会从地上弹起来，到一定高度后又会落下，然后又弹起来，以此往复，如下图所示。

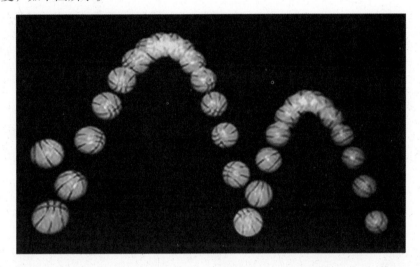

在这个篮球的抛起与落地之间一共经历了三个过程：上升、止升、下降，如下图所示。

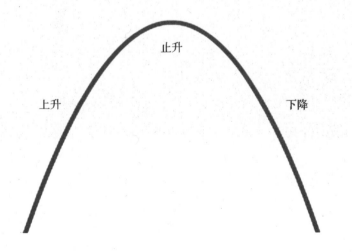

止升

上升　　　　　　　　　　　　　　　下降

　　行情在涨跌之间相互转换是否也有一个一样的过程呢？答案是毋庸置疑的。我们将行情涨跌之间的状态分为上涨、止涨和下跌这三种。它们分别对应上面两张图的什么位置？想必你已得出了答案。

　　在马尔科夫系统中是怎样判定止涨呢？这是一个非常简单的标准，如下图所示。

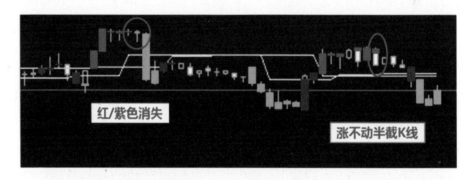

　　红色或紫色K线消失就是止涨，出现红色或紫色的半截K线也是止涨，判定标准就是如此。如下图所示，圈内的都是止涨。

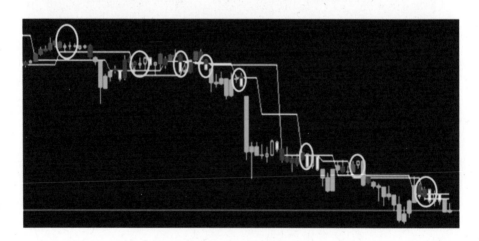

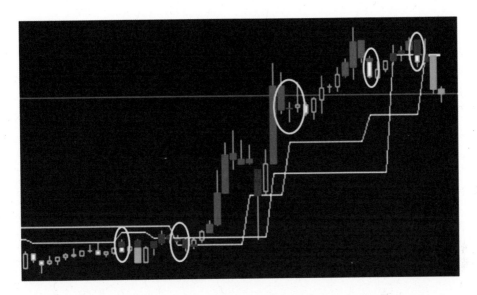

通过观察可以发现，在行情下跌之前都会先止涨，但止涨后并不一定会下跌。确实是这样，在马尔科夫系统中，止涨与行情的关系如下。

（1）止涨是判定下跌可能的前置条件之一，但不是充分条件。

（2）止涨并不是下跌的必要条件（有时候不止涨也会下跌）。

针对第二条，虽然在绝大多数情况下下跌之前都会有止涨，但止涨在下跌之前却不是必须的。这一点必须明确，这就是行情与篮球轨迹最大的区别。

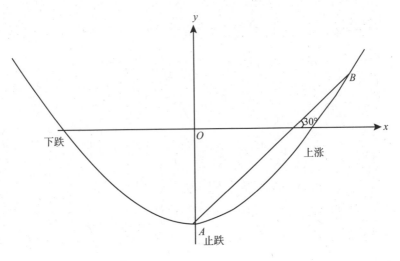

　　上图是行情下跌、止跌和上涨的一个示意图，整个过程与前述的抛物线先上涨后下跌是相反的，具体的判定标准也与下图所示相同。

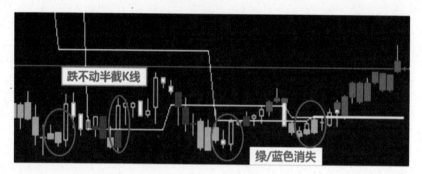

　　绿色或蓝色K线消失就是止跌，出现绿色或蓝色的半截K线也是止跌，判定标准就是如此。如下图所示，圈内的都是止跌。

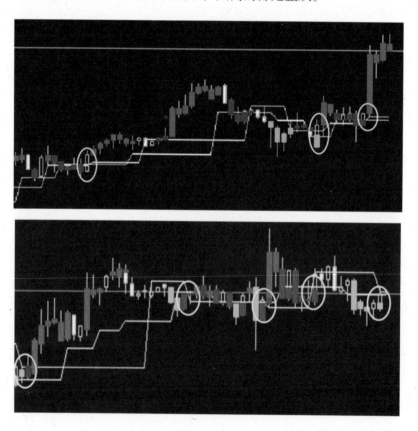

通过观察可以发现，在行情上涨之前都会先止跌，但止跌后并不一定会上涨。确实是这样，在马尔科夫系统中止跌与行情的关系如下。

（1）止跌是判定上涨可能的前置条件之一，但不是充分条件。

（2）止跌并不是上涨的必要条件（有时候不止跌也会上涨）。

针对第二条，虽然绝大多数情况下上涨之前都会有止跌，但止跌在上涨之前却不是必须的。这一点必须明确，这就是行情与篮球反弹轨迹最大的区别。

止涨和止跌是马尔科夫系统中非常重要的一个概念，这个概念表述比较清晰准确，没有二义性，只要按定义中的标准来进行识别即可。止涨、止跌的用途主要在后面的亢龙有悔交易方案中发挥，主要用于制订计划和交易前置条件的判定。

行情分类

"行情分类与机会"一节对行情进行了简要的分类说明，此处根据行情的波动特性对行情进行更为细致的分类。在明白行情不同的分类特性后，将能够为后期的交易决策带来很大的帮助。行情按分类一共分为四种情况，下面分别进行示例解读。

1. 多头

多头行情，顾名思义就是指一路以单边上涨为主的行情，在马尔科夫系统中表现为一直持续的红色，如下图所示。

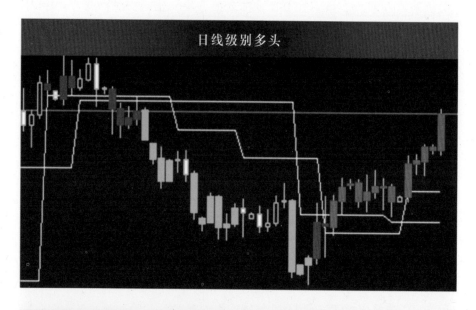

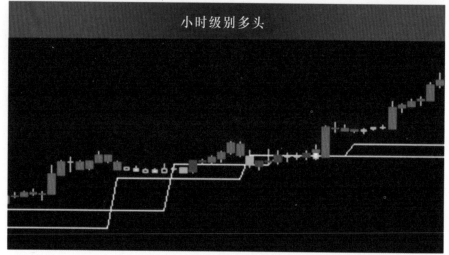

2. 空头

空头行情指一路以单边下跌为主的行情，在马尔科夫系统中表现为一直持续的绿色，如下图所示。

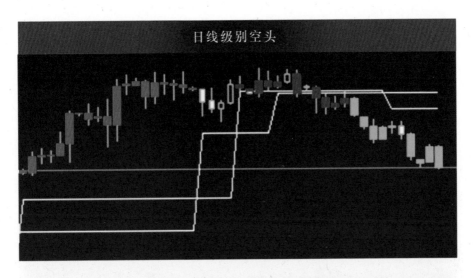

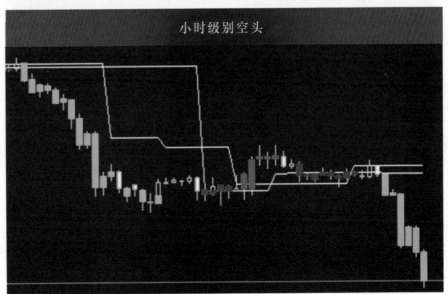

3.震荡收敛

震荡收敛是指行情一直在两线附近上下震荡,幅度不大,很多时候振幅有收紧的趋势,如下图所示。

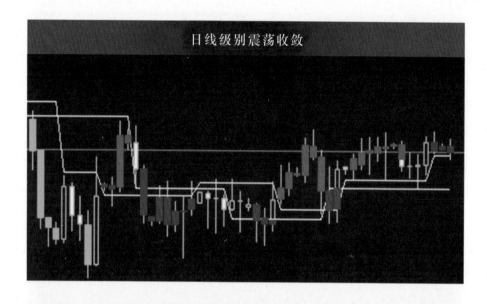

日线级别震荡收敛

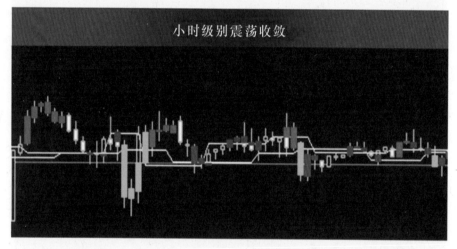

小时级别震荡收敛

4. 宽幅震荡

宽幅震荡也是围绕两线上下震荡，但其振幅相对较大，表现为在线上通常能够变红且有一定涨幅，在线下也能够变绿有一定跌幅，具体参见下图。

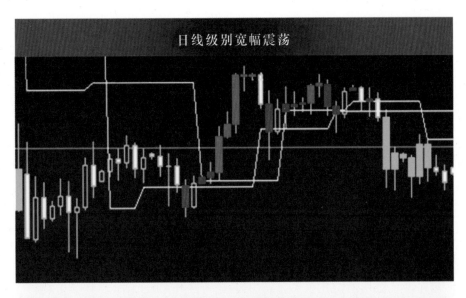

日线级别宽幅震荡

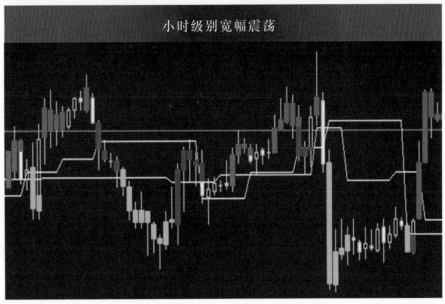

小时级别宽幅震荡

　　行情一共只有这四个基础类别，其特征也都非常明确。如果下载足够多的训练图库去观察，你会发现行情的这个规律太有价值了。要是能用好这些规律，那盈利将不再是一件困难的事情。对应行情分类就介绍这些，后面制定交易计划一节与行情分类是高度相关的，投资者可以结合这两节的内容来加深理解。

市场行为的表达

马尔科夫系统通过一系列连续的、代表不同行为的K线组合来表达一个完整的市场行为。单纯的一条K线只代表市场行为的一个片段，不能代表一个完整的市场行为（当一个行为只有一条K线时，那它就是全部）。

K线组合就是市场行为的图形表达，我们在进行市场行为的识别时，就是针对市场行为的图形表达来进行比较。马尔科夫系统是通过一系列连续K线所组成的K线组合来表达一个市场行为。要判断市场行为的强弱，就要针对市场行为的整体表达来进行对比，而不是对其局部进行对比。

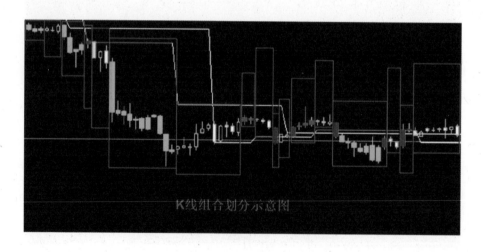

K线组合划分示意图

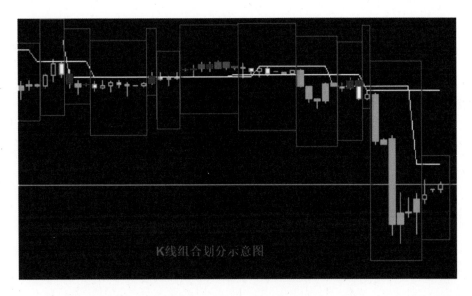

K线组合划分示意图

以上两图是针对不同市场行为的K线组合划分示意图，每个独立红框内的K线表示一个独立的市场行为，划分标准如下。

（1）连续的红色或紫色划在一起，表示多方主导。

（2）连续的蓝色或绿色划在一起，表示空方主导。

（3）绿框空心或绿框白心的划在一起，表示"和平"。

相对高点与相对低点

在"止涨与止跌"一节中，以抛起落下的篮球为例讲明了什么是止涨、什么是止跌，但行情毕竟不是篮球，行情的运行轨迹是呈不规则波浪状绵延起伏、涨涨跌跌无穷尽。既然是波浪那就总是有高有低，一个可能比一个更高，一个也可能比一个更低；也可能一片的风平浪静，也可能突发滔天巨浪。在这样的绵延之下，行情真正的高点和低点可能都无从判断，也没有更多的参考价值（比如，将曾经2两黄金可以在北京买一个院子这个购买力作为黄金价值高点，而对于现在来交易黄金就没有参考意义了）。但在一个相对有限的时段，其高低点却有相当重要的参考意义，我们很容易在K线图上找到这些阶段性的高低点。在此基础上，当有些阶段性特征成为行情起伏转变的前奏时，我们将这类特征称为"相对高点"和"相对低点"。

"相对高点和相对低点"不一定就是"最高点和最低点"，它是指一种特定的状态，这种状态通常是行情发生相对转折的状态。我们讲的"相对高点和相对低点"就是指带有这种转折特性的状态。这种状态在行情中是有一定的基础规律可循的，下面将分为相对低点和相对高点两个部分来分别进行解读。上面关于"相对高点和相对低点"的定义性描述得非常晦涩，下面将用分步分解、逐级引申的方式来进行解读。相对高点与相对低点在亢龙有悔整个体系中是一个非常核心的概念。本书除本节讲述的基础概念以外，在本书附录中，"行情的轨迹"和"末端的识别和应用"将能够有效地帮助交易者提高对概念的把握，更深入的理解请参看"转折的节奏"一节。只有将这个概念吃透，才能真正掌握亢龙有悔的精髓。要真正吃透这个概念，需要一个较为艰苦的训练和实践过程。

1. 相对低点

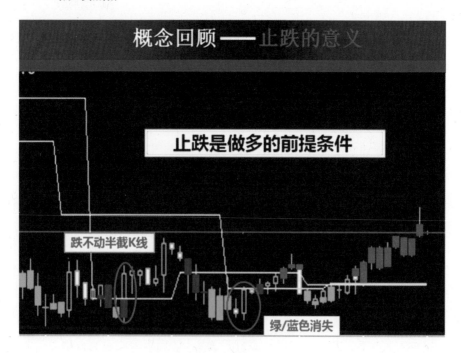

先来回顾一下止跌，在此要进一步明确"止跌是做多的前提条件"，但这不是说止跌了就可以做多。明确了止跌，才能进一步引申出相对低点，如下图所示。

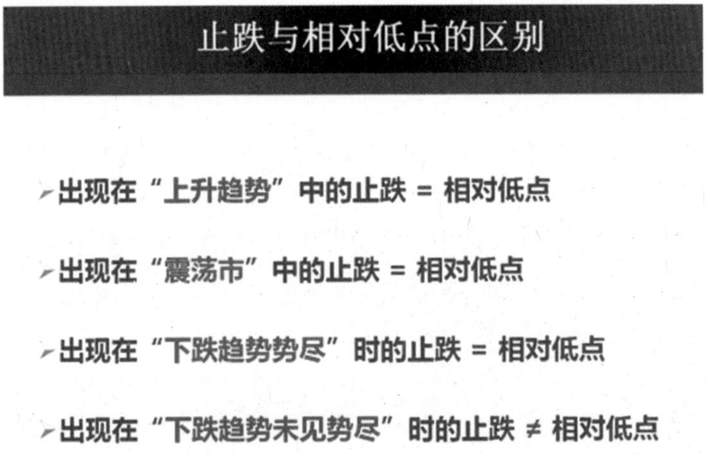

止跌与相对低点的区别

➢ 出现在"上升趋势"中的止跌 = 相对低点

➢ 出现在"震荡市"中的止跌 = 相对低点

➢ 出现在"下跌趋势势尽"时的止跌 = 相对低点

➢ 出现在"下跌趋势未见势尽"时的止跌 ≠ 相对低点

止跌的概念是完全准确、没有二义性的一个基础定义，但"相对低点"这个概念却是一个含义较为模糊的定义。我们先尝试按上图的逻辑来从止跌推导出"相对低点"的基础含义，对条文中的内容进行整理，将会得出如下逻辑，见下图。

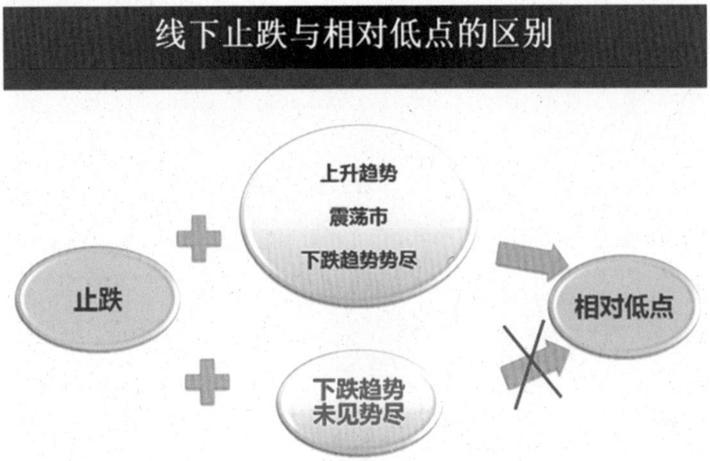

线下止跌与相对低点的区别

止跌 ＋ 上升趋势 震荡市 下跌趋势势尽 → 相对低点

止跌 ＋ 下跌趋势未见势尽 ✕→ 相对低点

下跌趋势未尽时的止跌一定不是相对低点，其他三种情况都可能是相对低点。记住，这里说的是"可能"，而不"一定"哦！（我们在这里讲解相对低点都是按照非常严格的理解标准来进行界定。）可以确定的是，相对低点一定是止跌，止跌只是相对低点的一个必要条件。下面用图例的方式逐步引导你对相对低点先有一个直观的印象，也就是用眼睛说话，不再一味地解读概念。

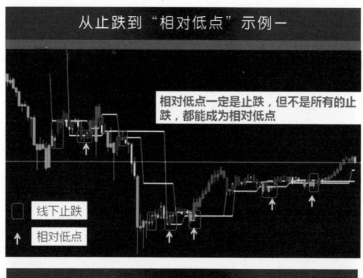

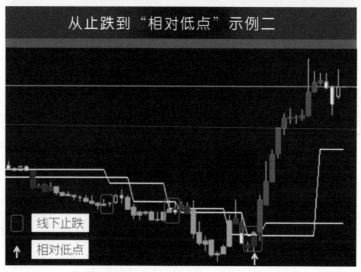

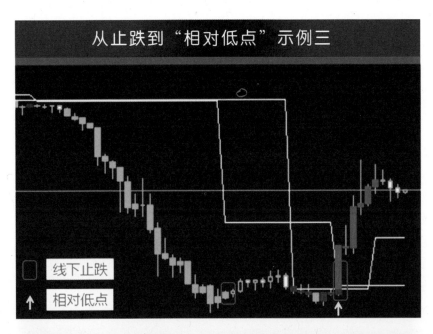

从止跌到"相对低点"示例三

线下止跌
相对低点

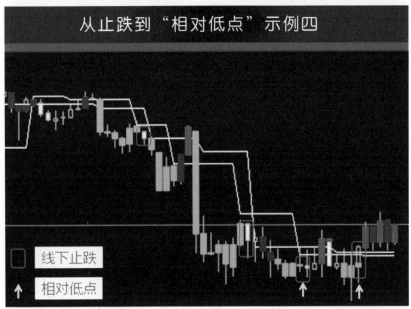

从止跌到"相对低点"示例四

线下止跌
相对低点

通过以上示例，相信你已经对图中的相对低点有了直观的印象，现在将所有这些特征总结在下面的微缩示例图中。

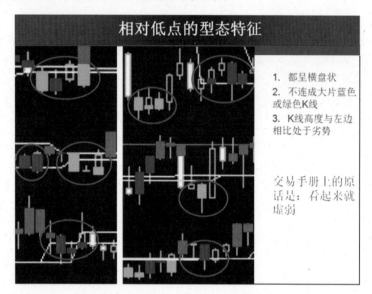

到此关于相对低点的基础讲述就结束了，强烈建议在阅读下面的内容之前先下载训练图库。用一个月左右的示例图来尝试在五分钟和一小时级别上识别出"相对低点"，并观察出现相对低点后行情会有怎样的变化规律。

2. 相对高点

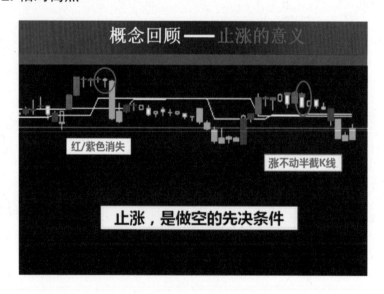

先来回顾一下止涨，在此须进一步明确"止涨是做空的前提条件"，但并不是说止涨了就可以做空。明确了止涨，才能进一步引申出相对高点，如下图所示。

止涨与相对高点的区别

➤ **出现在"下跌趋势"中的止涨 = 相对高点**

➤ **出现在"震荡市"中的止涨 = 相对高点**

➤ **出现在"上升趋势势尽"时的止涨 = 相对高点**

➤ **出现在"上升趋势未见势尽"时的止涨 ≠ 相对高点**

止涨的概念是完全准确、没有二义性的一个基础定义，但相对高点的含义相对而言较为模糊。先尝试按上图的逻辑来从止涨推导出"相对高点"的基础含义，对条文内容进行整理我们将得出如下基础逻辑，见下图。

线上止涨与相对高点的区别

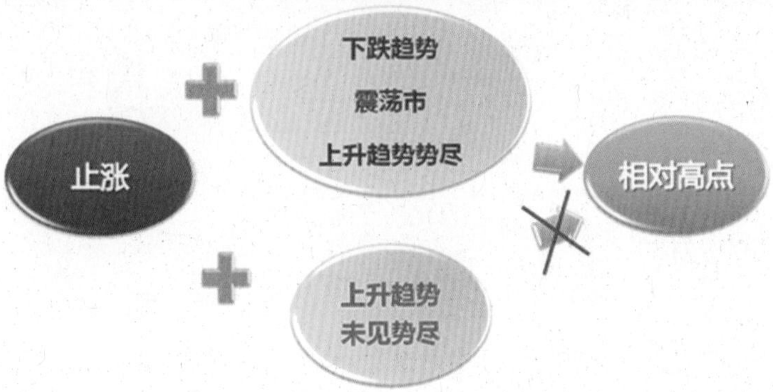

上涨趋势未尽时的止涨一定不是相对高点，其他三种情况都可能是相对高点。记住，这里说的是"可能"，而不是"一定"！（我们在这里讲解相对高点都是按照非常严格的理解标准来进行界定。）可以确定的是，相对高点一定是止涨，止涨只是相对高点的一个必要条件。再次回到我们的强项"用眼睛说话"，用图例的方式逐步引导你对相对高点先建立一个直观的印象。

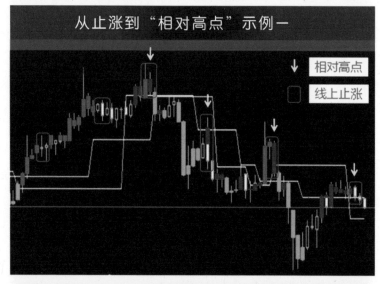

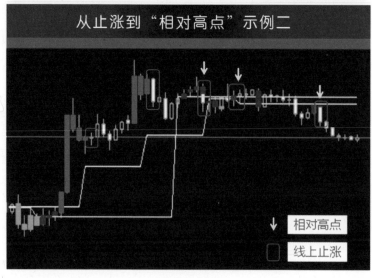

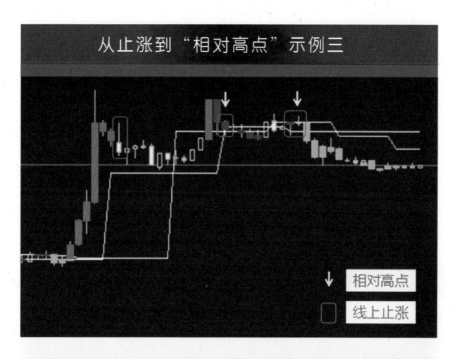

从止涨到"相对高点"示例三

↓　相对高点

□　线上止涨

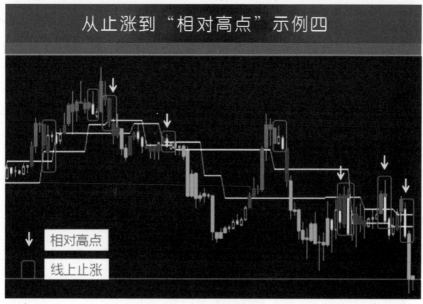

从止涨到"相对高点"示例四

↓　相对高点

□　线上止涨

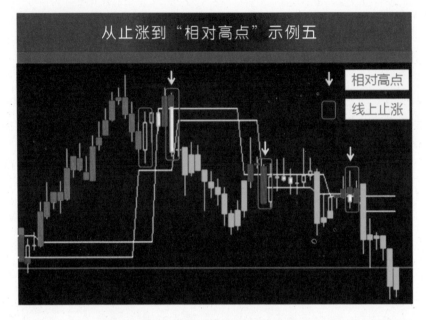

从止涨到"相对高点"示例五

相对高点

线上止涨

通过以上示例，相信你已经对图中的相对高点有了直观的印象，现在将所有这些特征总结在下面的微缩示例图中。

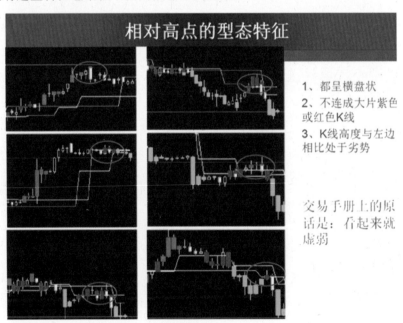

相对高点的型态特征

1、都呈横盘状
2、不连成大片紫色或红色K线
3、K线高度与左边相比处于劣势

交易手册上的原话是：看起来就虚弱

　　到此为止，关于相对高点的基础讲述就结束了，强烈建议在阅读下面的内容之前先下载训练图库，并用一个月左右的示例图来尝试在五分钟和一小时级别上识别出"相对高点"，并观察出现相对高点后行情的变化规律。

稳定的进攻型态

　　进攻型态指的是进攻发起初期的型态，顾名思义指的是行情启动时的型态（此处用"型"不是错别字）。行情每次启动都会具备一定的特征，能够对这些启动特征有深入的认识，在交易生涯中也将起到很好的辅助作用。本节要讲的进攻形态主要是用于一分钟之上的短线判定，是一个单独的知识补充，并不与其他节构成直接的相关关系。一个一分钟级别的稳定进攻，其基础特性如下图所示。

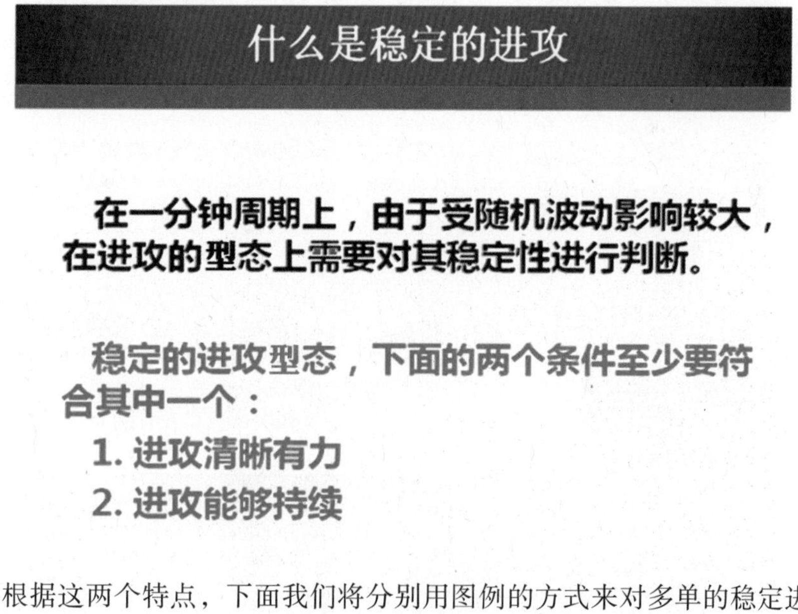

什么是稳定的进攻

在一分钟周期上，由于受随机波动影响较大，在进攻的型态上需要对其稳定性进行判断。

稳定的进攻型态，下面的两个条件至少要符合其中一个：
1. 进攻清晰有力
2. 进攻能够持续

　　根据这两个特点，下面我们将分别用图例的方式来对多单的稳定进攻和空单的稳定进攻进行解读，请你跟上图例的节奏深刻体会什么是清晰有力？什么是能够持续？

1. 多单的稳定进攻

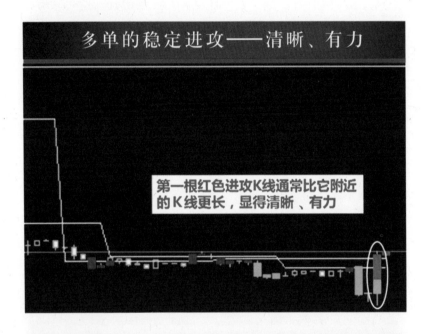

多单的稳定进攻——清晰、有力

第一根红色进攻K线通常比它附近的K线更长，显得清晰、有力

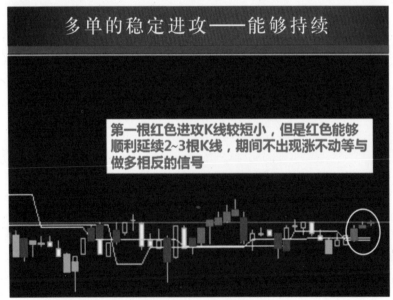

多单的稳定进攻——能够持续

第一根红色进攻K线较短小，但是红色能够顺利延续2~3根K线，期间不出现涨不动等与做多相反的信号

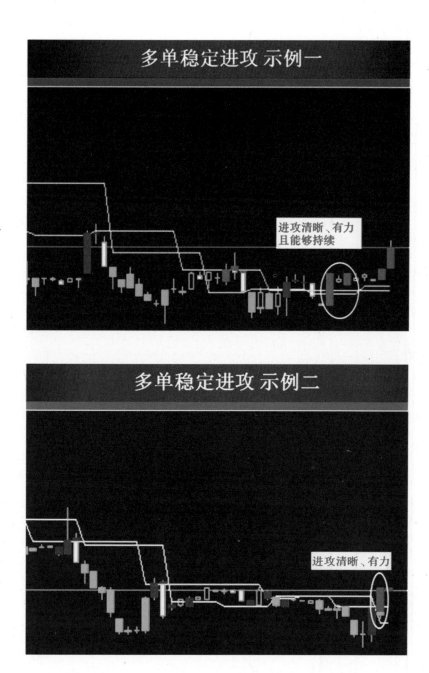

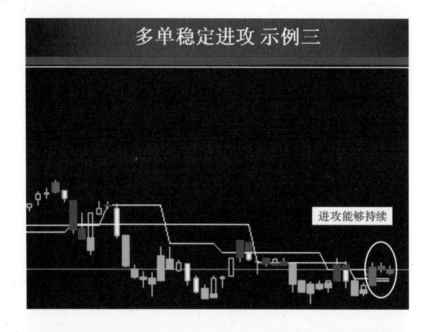

多单稳定进攻 示例三

进攻能够持续

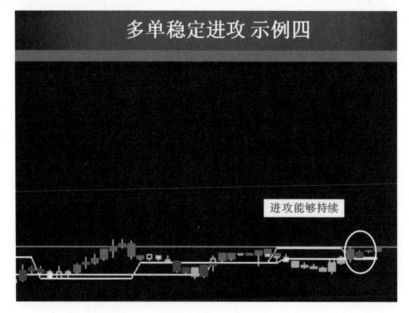

多单稳定进攻 示例四

进攻能够持续

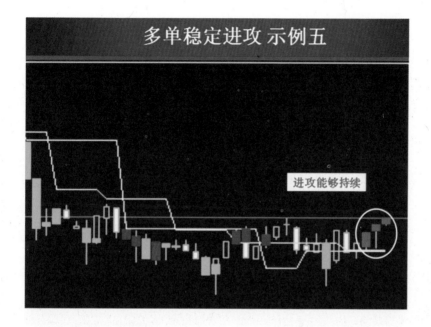

2. 空单的稳定进攻

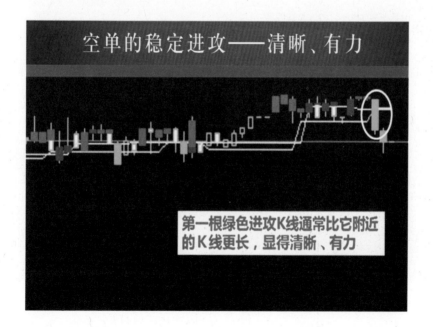

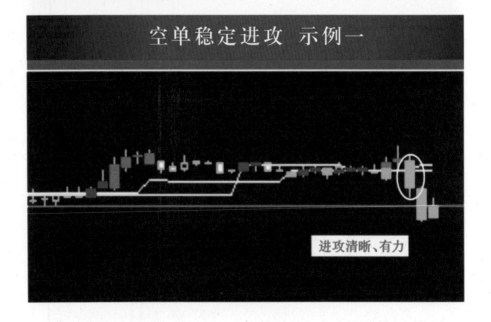

空单的稳定进攻——能够持续

第一根绿色进攻K线较短小，但是绿色能够顺利延续2~3根K线，期间不出现跌不动等与做空相反的信号

空单稳定进攻 示例一

进攻清晰、有力

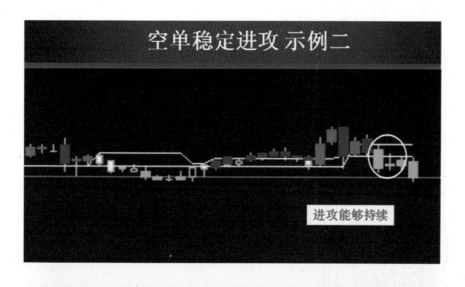

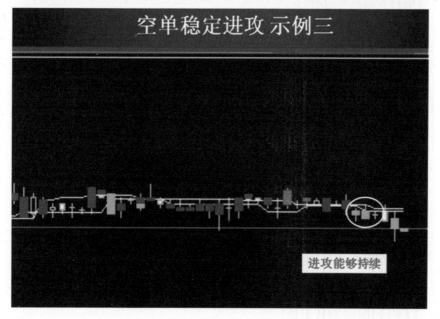

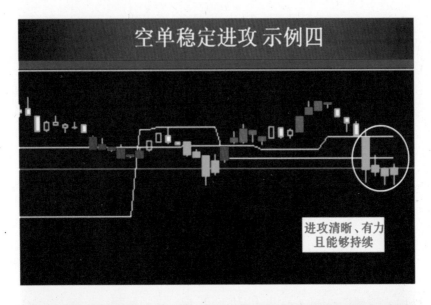

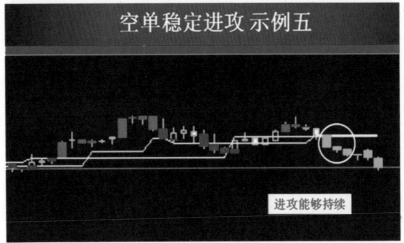

稳定进攻的应用

  本节所列的稳定进攻主要用于确定在一分钟级别发起的进攻是否属于有效进攻。我们并不建议在一分钟级别上来进行交易，但初学者出于快速积累经验的需要也需要一些交易积累，这时候将亢龙有悔交易策略中的一般性规则套用到一分钟级别一样是适用的。当做这样的短线交易时，进攻的稳定性就显得尤为重要，本节所讲的"稳定的进攻"所需要的形态将能够提供有益的帮助。

制订交易计划

非常多的交易专著都对交易计划有深入的用途描述，但很少有对怎样制订交易计划的细则进行描述的著作。不是这些作者不想讲，也不是他们没能力讲，而是因为交易计划与具体的交易策略息息相关，因此进行较宽泛的交易模式讲解的书籍没法具体来讲解。本节所讲的"亢龙有悔"是一套完整的交易模式，因此可以对怎样制订交易计划进行更为详细的解读。

关于为什么要有交易计划，就不展开来谈了。制订交易计划至少可以带来如下三点优势。

（1）明确交易标的，避免主观交易。

（2）确定所等待的标的，有的放矢。

（3）增进团队合作，更有效地控制潜在风险。

计划就是交易的总纲要，制订计划必然有着基础的原则，所有计划都要坚持在这些原则的基础上制订，这些基础原则包括以下三个方面。

（1）查看财经日历，避免重大财经事件的突发性影响。

（2）制订计划的技术标准要能够避免计划制订者的主观风险。

（3）秉承谨慎的行情趋势原则，避免在行情反复中承受损失。

根据以上计划制订原则，可以将亢龙有悔交易策略的计划制订方案分为两种：基础交易计划和补充计划，下面将分别来对计划制订的技术标准展开讲解。

1. 基础交易计划

亢龙有悔——计划制订标准

- 日线红色为多头计划，日线红色消失后一直为空头计划
- 日线绿色为空头计划，日线绿色消失后一直是多头计划
- 红色、紫色一样看待，绿色、蓝色一样看待
- 红色半截、紫色半截出现，视为红色消失
- 绿色半截、蓝色半截出现，视为绿色消失

亢龙有悔交易策略的基础计划都是以日线为标准来制订的，具体就是按上图中的基础原则来执行，简单、没有二义性。按此标准制定的计划虽然并不具体，但在不同行情中却依然表现神勇，下面是计划用途示例，从中或许你会发现部分妙用。

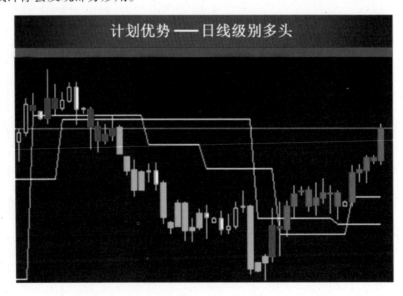

计划优势 —— 日线级别多头

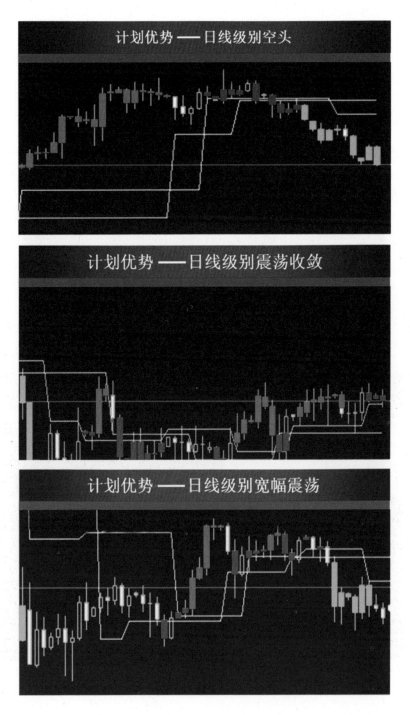

计划优势 —— 日线级别空头

计划优势 —— 日线级别震荡收敛

计划优势 —— 日线级别宽幅震荡

观察交易计划在四种基础行情分类中的表现，你可能会发现简直不可思议，具体表现如下。

（1）在单边行情中，追逐到了主波段的利润。

（2）在震荡行情中，有效拿下了震荡波幅的大半利润。

计划原则之所以表现得如此神勇，原因还在于该计划巧妙地践行了马尔科夫系统中对"市场行为持续性"的定义，起到了显著的效果。

补充交易计划

基础交易计划中给出的是通用的一般性交易计划，在实际交易中随着交易经验的积累可能会得出更多的确定性很强的计划标准，这些标准也可以加入到计划之中。下面所列的就是经验积累的部分计划标准，这些补充计划不能替代基础计划，但在一定程度上可以使计划制订得更精准、更具体（虽然交易计划过于具体并不是一个好事情）。

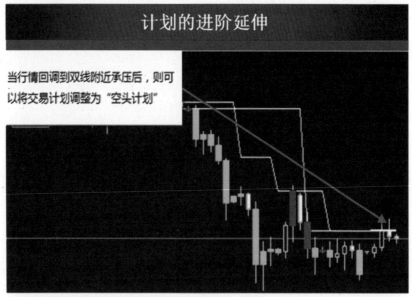

这种计划的调整通常是短时间的，有效期就1~2天。

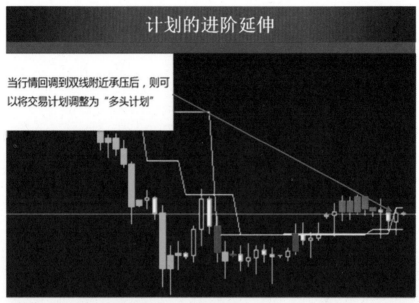

这种计划的调整通常是短时间的，有效期就1~2天

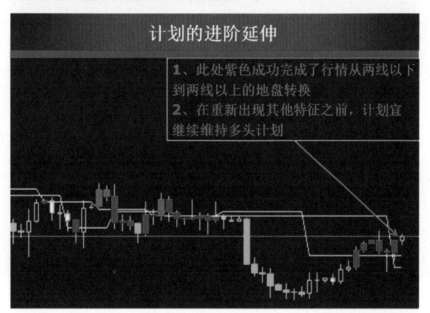

亢龙有悔交易规则

　　亢龙有悔交易策略就是为践行"行情分类与机会"一节中所指出的具备高胜算交易特征的交易机会而制定的一套交易原则。这套交易原则完全契合"行情分类与机会"中所列的基准原则，又是建立在马尔科夫系统对市场行为精准识别的基础之上，掌握这套方案将对于更精准地把握交易时机具有很大的促进作用。

1. 亢龙有悔空单

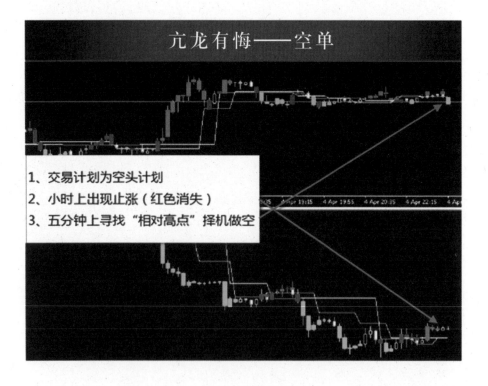

亢龙有悔——空单

1、交易计划为空头计划
2、小时上出现止涨（红色消失）
3、五分钟上寻找"相对高点"择机做空

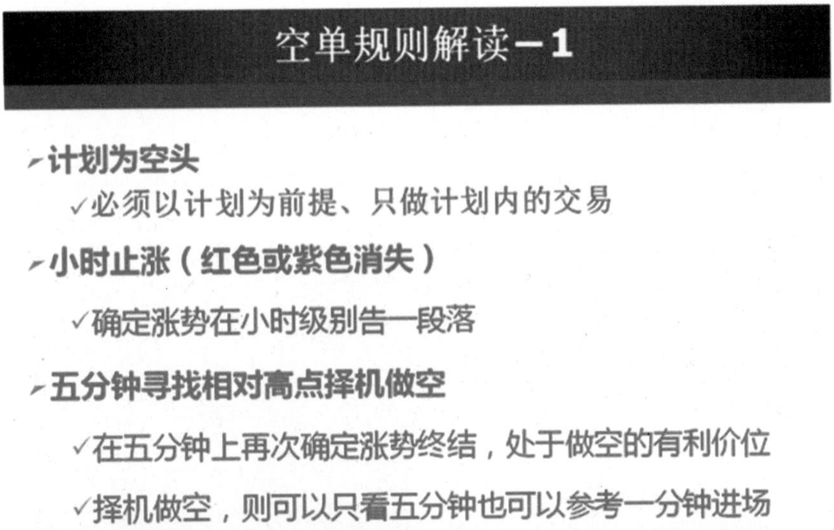

空单规则解读—1

➤ **计划为空头**
  ✓必须以计划为前提、只做计划内的交易

➤ **小时止涨（红色或紫色消失）**
  ✓确定涨势在小时级别告一段落

➤ **五分钟寻找相对高点择机做空**
  ✓在五分钟上再次确定涨势终结，处于做空的有利价位
  ✓择机做空，则可以只看五分钟也可以参考一分钟进场

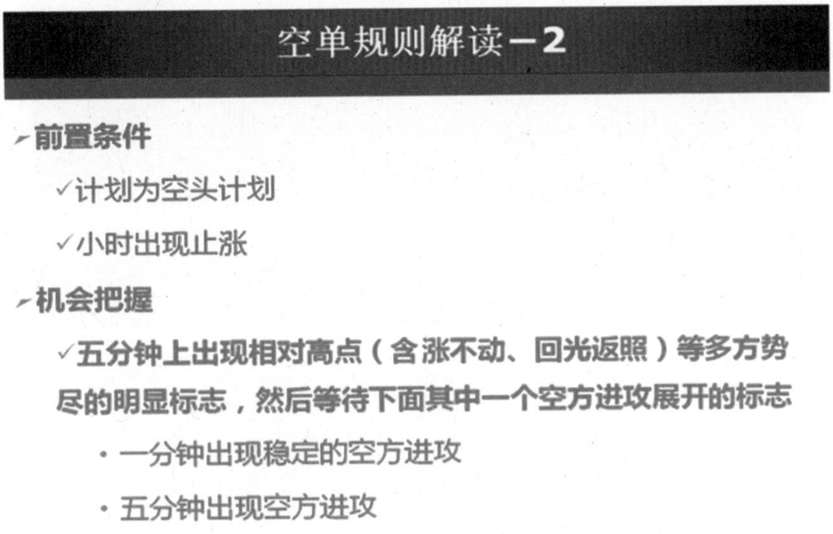

空单规则解读—2

➤ **前置条件**
  ✓计划为空头计划
  ✓小时出现止涨

➤ **机会把握**
  ✓**五分钟上出现相对高点（含涨不动、回光返照）等多方势尽的明显标志，然后等待下面其中一个空方进攻展开的标志**
    · 一分钟出现稳定的空方进攻
    · 五分钟出现空方进攻

　　以上用三张图对亢龙有悔空单的交易原则进行了描述，并且对交易规则进行了两种不同模式的解读。亢龙有悔空单的交易规范就是要在整体是空头计划的情况下，寻找多头回调结束而空头又开始反攻的时点跟随空势来顺势做空。这样就做到了真正的顺势，因为计划级别的大势是空（日线），多方回调结束也是利空（小时止涨、五分钟相对高点），空方开始进

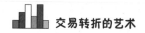

攻也是利空（五分钟变绿）。

2.亢龙有悔多单

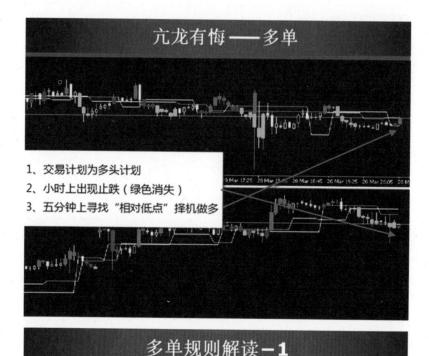

亢龙有悔——多单

1、交易计划为多头计划
2、小时上出现止跌（绿色消失）
3、五分钟上寻找"相对低点"择机做多

多单规则解读-1

- **计划为多头**
  - ✓必须以计划为前提、只做计划内的交易

- **小时止跌（绿色或蓝色消失）**
  - ✓确定跌势在小时级别告一段落

- **五分钟寻找相对低点择机做多**
  - ✓在五分钟上再次确定跌势终结，处于做多的有利价位
  - ✓择机做多，则可以只看五分钟也可以参考一分钟进场

多单规则解读－2

▸ **前置条件**

✓计划为多头计划

✓小时出现止跌

▸ **机会把握**

✓五分钟上出现相对低点（含跌不动、回光返照）等空方势尽的明显标志，然后等待以下其中一个多方进攻展开的标志

· 一分钟出现稳定的多方进攻

· 五分钟出现多方进攻

以上用三张图对亢龙有悔多单的交易原则进行了描述，并且对交易规则进行了两种不同模式的解读。亢龙有悔多单的交易规范就是要在整体是多头计划的情况下，寻找空头回调结束而多头又开始反攻的时点跟随多势来顺势做多。这样就做到了真正的顺应多势，因为计划级别的大势是多（日线），空方回调结束也是利多（小时止跌、五分钟相对低点），多方开始进攻也是利多（五分钟变红）。

亢龙有悔补充教程

亢龙有悔补充教程是指在不完全符合亢龙有悔方案要素的情况下，一种缩略的补充交易标准。虽然并没有严格按亢龙有悔的整套规范来执行，但整体执行下来其交易逻辑也都是符合亢龙有悔的基本原理，并且交易标准相对单一，机会相对较多，适合耐不住寂寞的交易者用于增加交易机会。对于成熟的交易者，这也是协助把握行情机会的一种不错选择。

1. 多单补充教程

多单机会分布——小时

> 小时止跌，按亢龙有悔寻找进场点

> 小时回调，未现止跌

>> 五分钟上，空方已经回调达到3轮或3轮以上

>> 五分钟上，已经处于胶着的横盘状态

>> 在五分钟出现多头进攻后，可以选择做多

如上图所示，可以看出交易前提由小时止跌扩展到了未止跌也可以，但计划还必须是多头计划才可以执行。规则细节强调的全是五分钟级别的表现，要求是空方多轮回调、逐次减弱、横盘特征明显，所有这些要素都是为了最大限度确定空方回调结束，具体判定可以参看如下图例。

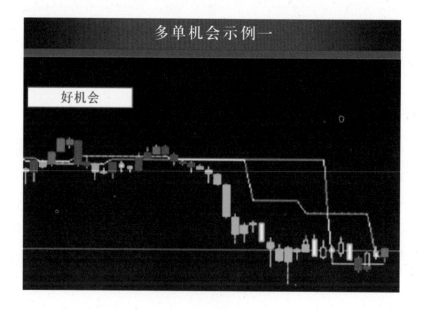

多单机会示例一

好机会

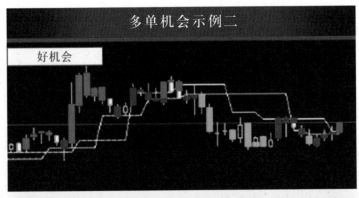

多单机会示例二

好机会

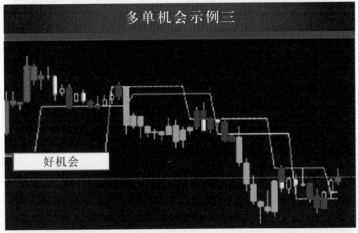

多单机会示例三

好机会

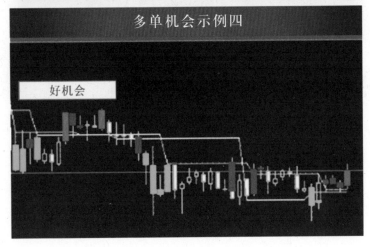

多单机会示例四

好机会

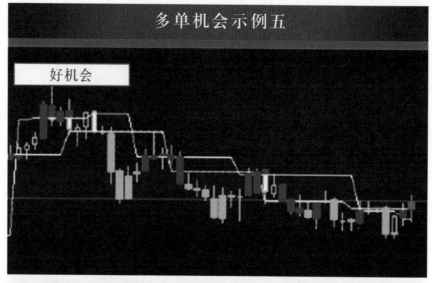

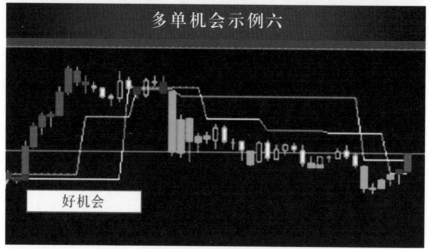

　　以上六张示例图是对补充多单教程的一个简单示例，在看图时结合"市场行为的表达"一节和附录"行情的轨迹"来进行会更容易领会其中要领。按照以上补充标准进行的交易，其离场也有一定的简易规则，如下图所示。

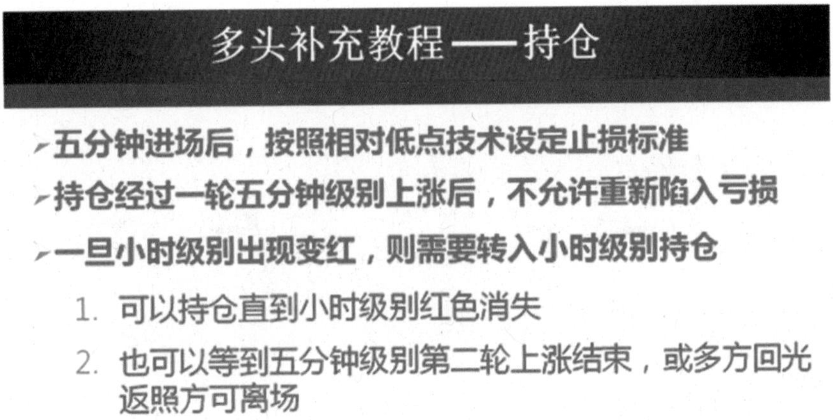

多头补充教程——持仓

➤ **五分钟进场后，按照相对低点技术设定止损标准**

➤ **持仓经过一轮五分钟级别上涨后，不允许重新陷入亏损**

➤ **一旦小时级别出现变红，则需要转入小时级别持仓**

    1. **可以持仓直到小时级别红色消失**

    2. **也可以等到五分钟级别第二轮上涨结束，或多方回光返照方可离场**

2. 空单补充教程

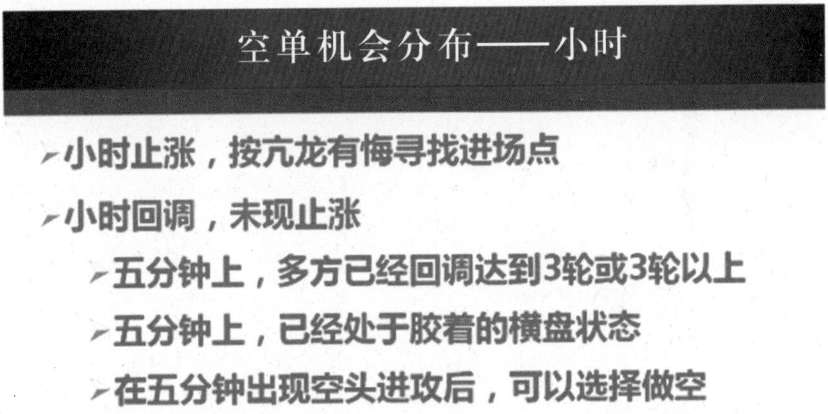

空单机会分布——小时

➤ **小时止涨，按亢龙有悔寻找进场点**

➤ **小时回调，未现止涨**

    ➤ **五分钟上，多方已经回调达到3轮或3轮以上**

    ➤ **五分钟上，已经处于胶着的横盘状态**

    ➤ **在五分钟出现空头进攻后，可以选择做空**

    如上图所示，可以看出交易前提由小时止涨扩展到了未止涨也可以，但计划还必须是空头计划才可以执行。规则细节强调的全是五分钟级别的表现，要求是多方多轮回调、逐次减弱和横盘特征明显，所有这些要素都是为了最大限度确定多方回调结束，具体判定可以参看如下图例。

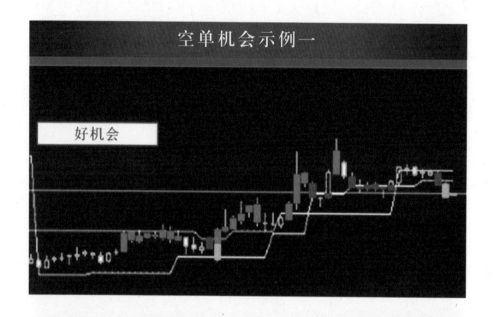

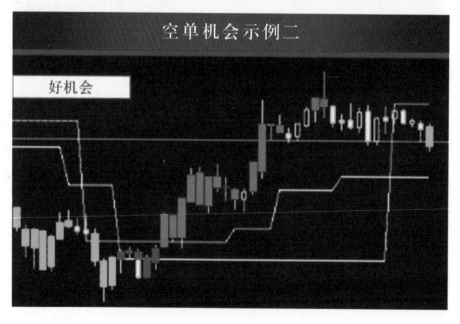

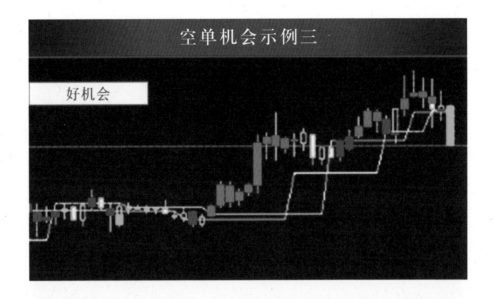

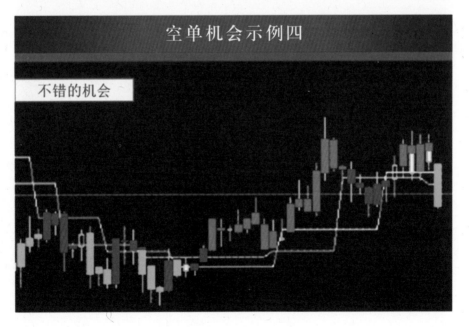

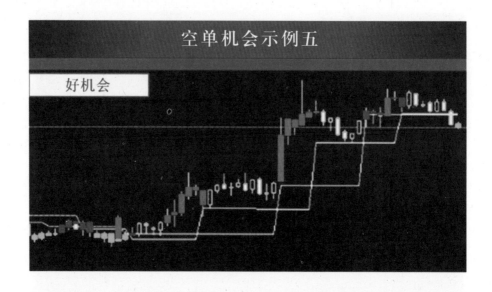

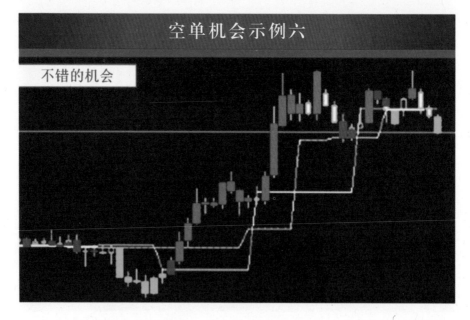

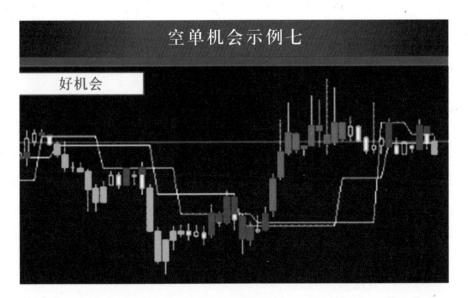

以上七张示例图是对补充空单教程的一个简单示例，在看图时结合"市场行为的表达"一节和附录"行情的轨迹"来进行会更容易领会其中要领。按照以上空单补充标准进行的交易，其离场也有一定的简易规则，如下图所示。

空头补充教程——持仓

- 五分钟进场后，按照相对高点技术设定止损
- 持仓经过一轮五分钟级别下跌后，不允许重新陷入亏损
- 一旦小时级别出现变绿，则需要转入小时级别持仓
  1. 可以持仓直到小时级别绿色消失
  2. 也可以等到五分钟级别第二轮下跌结束，或空方回光返照方可离场

转折的节奏

前面教程中讲到了亢龙有悔的要领，即在空方向多方转折时寻找机会做多，此时用到了一个"相对低点"的概念；在多方向空方转折的时候寻找机会做空，这时用到了一个"相对高点"的概念。这两个概念比较晦涩，通过上面的学习虽然可能已经掌握了大部分，但在没有充足的实践经验时仍然非常难以掌握其精髓。下面都是在拥有充足实践经验的情况下进行的回顾总结，对于怎样理解相对高点、相对低点，以及使用此技术来把握交易机会，将会有巨大的帮助。

亢龙有悔是在"马尔科夫高胜算决策交易系统"的基础上制定的一套交易模式。这套模式将马尔科夫系统有效识别行情末端的技术优势与交易规范结合起来，起到了非常好的作用。本书的第一任务就是阐述清楚"**怎样有效利用马尔科夫系统的末端识别优势来寻找行情的转折点**"。末端与相对高点、相对低点是高度相关的，末端不一定是转折点，但相对高点、相对低点是转折点的概率却是相当高的。可以将相对高点、相对低点解读为末端的子集，因此若能够准确地识别"相对高点和相对低点"将能帮助我们在判断行情转折点时有更高的胜率。

要做到这一点需要结合末端出现时所处的具体情况来综合解读，下面是对相对低点、相对高点的一些系统化认知和解读，通过对相对高点、相对低点进行更细致的场景分类来协助实现更为精准的行情转折判断。结合"行情分类与机会"一节中的内容阅读本章下述内容，将能更好地帮助读者理解怎样通过相对低点、相对高点来找到有利的交易时机。

亢龙有悔与相对低点

下面先对亢龙有悔（多单）所建立的前提进行分解。

（1）行情大势是多，也就是说计划是做多。

（2）在小时线上寻找空方回调结束（止跌），通常是配合五分钟以准确找到空方势能耗尽的标志。

（3）当五分钟多方发起进攻时，顺大势做多。

（4）这样能够确保在做多时行情都是处于底部，也就是达到了"逢低做多"的目的。

在"亢龙有悔补充教程"一节中，使用了"相对低点"这个概念，并用专题进行了讲解。其中所讲的"相对低点"比较概念化，在实际运用中并不总是"逢低做多"时所需要的相对低点。这就需要结合亢龙有悔教案对课程进行融会贯通，以明确到底你所需要的相对低点是哪些？这些相对低点都有怎样的共同特征？它们可以分为哪些类别？

相对低点实际分为两类。

（1）多单顺势行情中的回调，从而成为上涨中继，因此是相对低点。

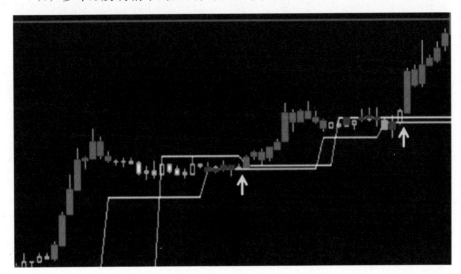

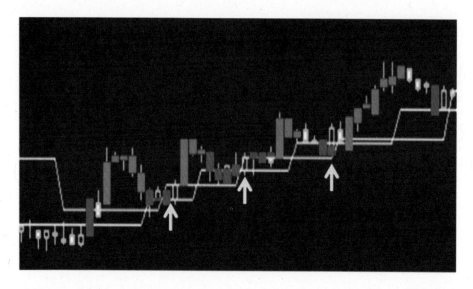

　　（2）多头情况下的空单回调行情完结，从而成为多头发起攻势的完美前提，这也是相对低点。

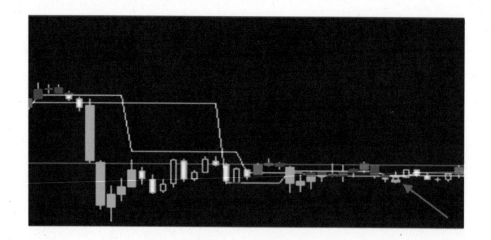

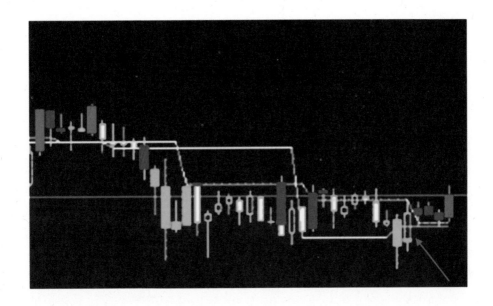

这些相对低点都对交易有非常强的指导意义，但其用途不同，使用场合、使用技巧也都应加以区别。亢龙有悔教案中所讲的"相对低点"使用技巧都是用的上述第二种类型，下面对这种类型进行有针对性的解读。

（1）在符合交易大势的原则下制订交易计划，交易计划既可以是日线级别也可以是小时级别。

（2）在小时空方回调结束时（比如止跌），在五分钟上寻找下跌确切结束的标志作为小时级别回调结束的标志（仔细看上图，可以发现空方势头的运行轨迹明显一次不如一次）。

（3）出现上述标志后，一旦五分钟多方出现进攻（变红）就进入做多。

（4）一旦多单被止损，在计划不变的前提下，继续等待下次机会出现继续做多。

对以上各条进行综合归纳为当计划是多单时，只要小时级别已经不是逆势，在五分钟上寻找**空方下跌结束的标志**（空方势尽、相对低点）。这个标志通常就是空方回调的终结，当选择这个时候来作为做多的前置条件时一定是处于有利价位，也就是所有的多单交易都在低位进场，这将带来如下优势。

（1）当行情不大时，有足够的波动空间。

（2）当行情震荡时，若在低点做多，盈利就有保障，风险基本被过滤。

（3）当行情是大涨时，将会拿到最大波幅。

（4）当行情是大跌时，在底部做多，略有机会即可立于不败之地。

以上情况可总结为一句话，**寻找行情真正发生转折的时刻来交易**。若找到的不是真的转折点（被止损），等下次转折标志出现再继续进行交易。转折点的判断，就按照上述第二种相对低点的技术要求来进行。也就是说，这种方案寻找的都是小时级别的转折，都是从五分钟上入手，一旦入手正确就可能拿到一轮小时级别的波幅，上面所列举的优势足以确保有足够高的胜率来博取更多利润。

上述第一种相对低点是上涨中继性质，这种是作为错过交易机会后短线追入的最佳时机，能被视为机会的此类相对低点通常会具备如下特征。

（1）小时级别已经出现明显的多头特征（如连续红色、连续阳线）。

（2）五分钟上前一轮红色行情较大，且很顺畅。

（3）五分钟行情发展尚处于第一阶段，若是已经为第三轮上涨则放弃本次机会。

（4）五分钟级别出现相对低点时在一分钟上寻找多单进场机会，进场以小止损来博取五分钟级别1~2波涨幅的利润。

（5）通常此时在一分钟级别上的行情表现会雷同于上面对第二种相对低点的描述。

尢龙有悔教程的图例库中除了上面所列的两种使用"相对低点"技术来寻找做多机会的常规用法外，还有第三种典型应用。

（1）日线级别是多头计划。

（2）在小时线级别出现了符合上面第二种特征类型的相对低点。

（3）在五分钟出现多头进攻机会。

此时也可以做多，示例如下。

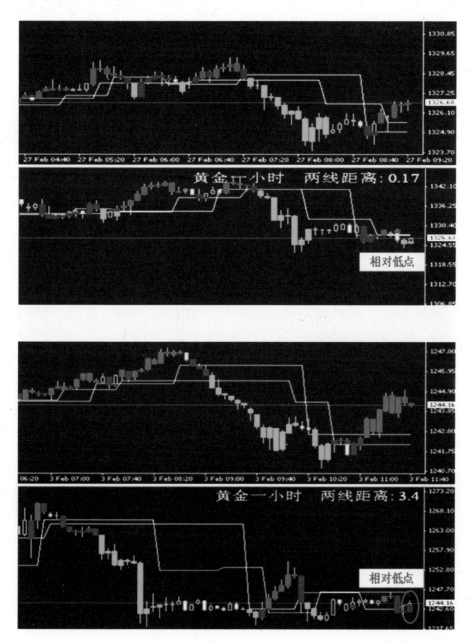

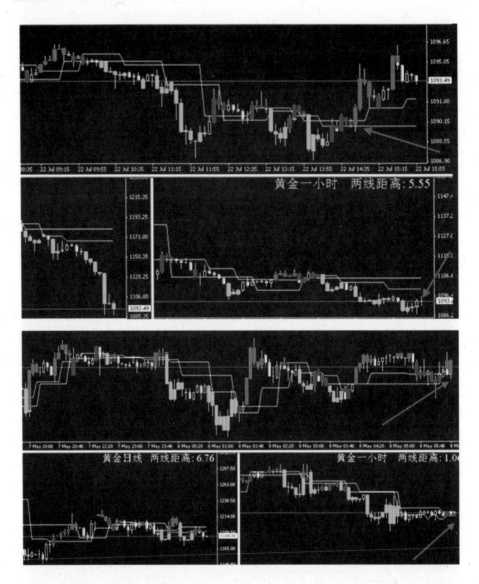

亢龙有悔与相对高点

下面继续对亢龙有悔（空单）所建立的前提进行分解如下。

（1）行情大势是空，也就是说，计划是做空。

（2）在小时线上寻找多方回调结束（止涨），通常需配合五分钟以准确找到多方势能耗尽的标志。

（3）当五分钟空方发起进攻时，顺大势做空。

（4）这样能够确保在做空时行情都是处于顶部，也就是达到了"逢高做空"的目的。

在"亢龙有悔空单补充教程"中用专题讲解了"相对高点"这个概念，课程中所讲的"相对高点"并不总是"逢高做空"交易实践中所需要的相对高点。怎样进行辨别，下面对"相对高点"进行更系统化的分类，教材里的相对高点实际是分为以下两类。

（1）空单顺势行情中的回调，从而成为下跌中继，因此是相对高点。

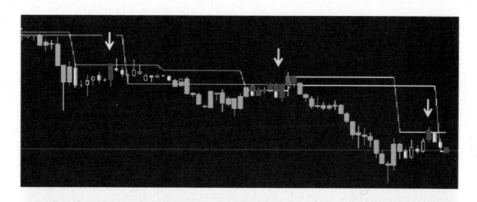

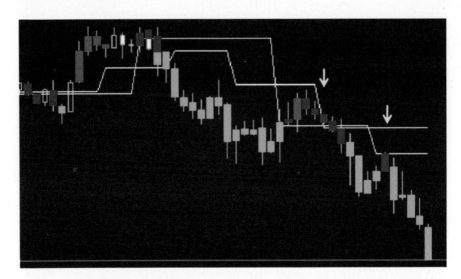

（2）空头情况下的多单回调行情完结，从而成为空头发起攻势的完美前提，这也是相对高点。

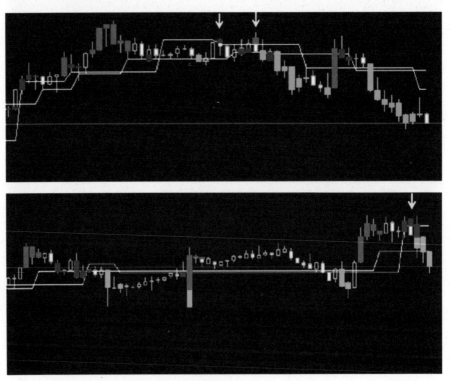

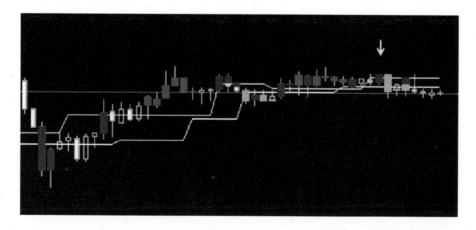

以上这些相对高点都对交易有着非常强的指导意义，但其用途不同，使用场合、使用技巧也都应予以区别。亢龙有悔教案中所讲的"相对高点"使用技巧都是第二种，下面先对第二种分解如下。

（1）在符合交易大势的原则下制定交易计划，交易计划可以是日线级别，也可以是小时级别。

（2）在小时多方回调结束时（比如止涨），在五分钟上寻找**上涨确切结束的标志**作为小时级别回调结束的标志（仔细看上图，可以发现多方势头的运行轨迹明显一次比一次弱）。

（3）出现上述标志后，一旦五分钟空方出现进攻（变绿）就进入做空。

（4）一旦空单被止损，在计划不变的前提下，继续等待下次机会出现继续做空。

对以上各条可综合归纳为：当计划是空单时，需要小时级别已经不是逆势（多方告一段落），在五分钟上寻找**多方上涨结束的标志**（多方势尽、相对高点），这个标志通常就是多方回调的终结。选择这样的标准来作为做空的前置条件，此时一定是处于做空的有利价位，也就是所有的空单交易都在高位进场，这将带来如下优势。

（1）当行情不大时，有足够的波动空间。

（2）行情震荡时，是在高点做空，盈利有保障，风险基本被过滤。

（3）当行情是大跌时，可拿到最大波幅。

（4）当行情是大涨时，在高位做空，略有机会即可立于不败之地。

以上总结为一句话就是：**寻找行情回调结束发生转折的时刻来交易**。若找到的不是真的转折点（被止损），等下次转折标志出现再继续进行交易。转折点的判断，就按照上述第二种相对高点的技术要求来进行。这种方案寻找的都是小时级别的转折，都是从五分钟上入手，一旦入手正确就可能拿到一轮小时级别的波幅。上面所列举的诸多优势足以确保高胜率，剩下的就是用高胜率来博取高利润。

上述第一种相对高点是下跌中继性质，这种是作为错过交易机会后短线追入的最佳时机，能被视为机会的此类相对高点通常具备如下特征。

（1）小时级别已经出现明显的空头特征（如连续绿色、连续阴线）。

（2）五分钟上前一轮绿色行情较大，且很顺畅。

（3）五分钟行情发展尚处于第一阶段，若是已经为第三轮下跌则放弃本次机会。

（4）五分钟级别出现相对高点时在一分钟上寻找空单进场机会，进场以小止损来博取五分钟级别1~2波跌幅的利润。

（5）通常此时在一分钟级别上的行情表现会雷同于上面对第二种相对高点所描述的特征。

亢龙有悔除了上面所列的两种使用"相对高点"技术来寻找做空机会的常规用法外还有第三种典型应用。

（1）日线级别是空头计划。

（2）在小时级别出现了符合上面第二种特征类型的相对高点。

（3）在五分钟出现空头进攻机会。

（4）此时也可以做空，示例如下。

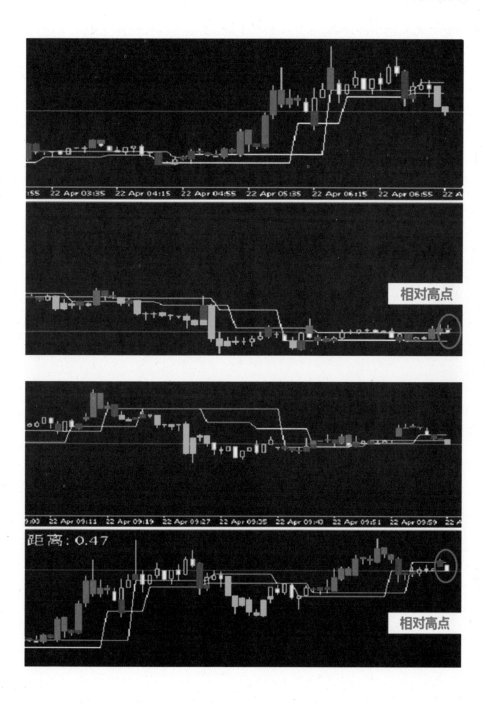

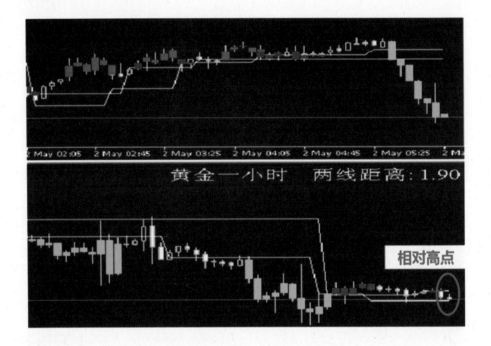

黄金一小时　两线距离：1.90

相对高点

获利空间分析

很多时候，我们在进行一次交易时都会想这次机会能赚多少钱？看到这个问题，你可能会想到一句股市里的名言："会买的是徒弟，会卖的是师傅。"这句话的意思就是要赚到交易中的差价买和卖一样重要，买对了但没在合适的时候卖出去一样会亏钱。

还有一句交易名言是："赚取你该赚的利润。"什么利润才是你该赚的利润？难道不是赚越多越好吗？利润当然是越多越好，这毋庸置疑，索罗斯的名言"判断对错并不重要，重要的在于正确时获取了多大利润，错误时亏损了多少"，讲的就是要放飞利润、保住本金。

利润赚到多少才合理，你知道吗？可要知道行情是波动的，经常是一波三折地来回折腾。赚钱时，要是没跑，很可能就会亏钱离场，该怎样把握这样的尺度呢？下面对交易时的基础获利目标进行分解，让你能提前知道自己的交易预期，从而为整个交易取得更好的利润提供支持。

弱势行情获利参考

如下两图所示，在短线交易中，若前方行情不是很猛，则以前面波幅中最邻近的一个高点或低点作为第一盈利目标。

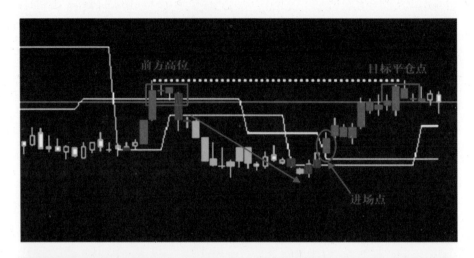

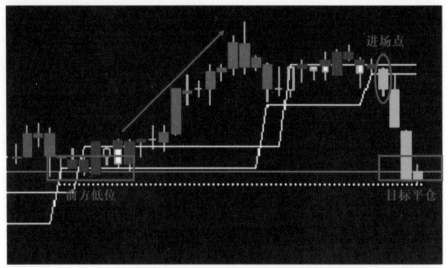

　　如下图所示，当行情未达到盈利目标的时候，若是短线交易则应在更小级别上寻找优势价位来平仓。

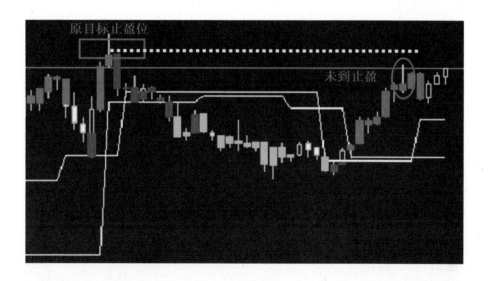

强势行情获利参考

　　如下图所示，在短线交易中，若前面的波幅较大，则以前方横向整理的第一个台阶作为第一盈利目标。

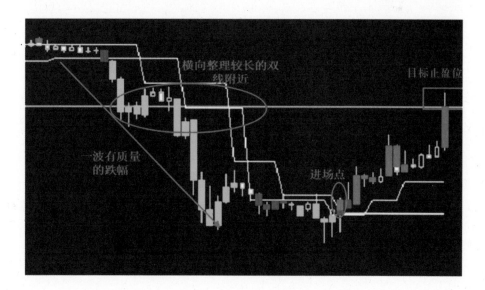

如下图所示，在短线交易中，若前面的波幅较大，则以前方横向整理的第一个台阶作为第一盈利目标。

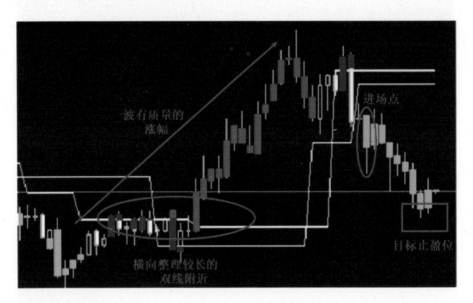

不顺畅行情

如下图所示，红色虚线是制定的第一盈利目标，但行情发展很不顺利，这时候我们在交易持仓中会很纠结。此时，短线交易目标可以放弃，在更低级别（此图为五分钟图，那就是在一分钟级别）图上寻找有利价位择机平仓。这时候平仓可能是平本，也可能是微幅亏损，这样虽然可能错失后面的行情，但更大概率上是避免了可能的亏损。

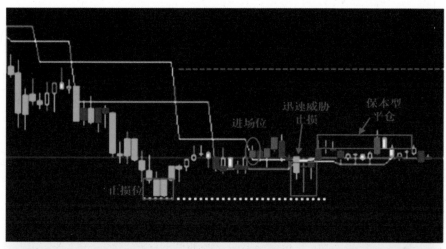

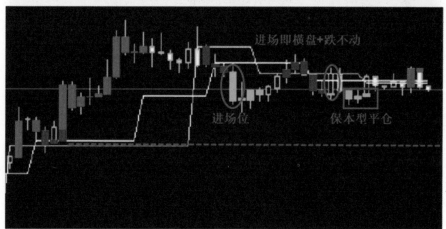

亢龙有悔交易目标分析

以上是对简易短线交易的持仓目标进行分析，但亢龙有悔交易方案的特长是在行情转折的关头来寻求高胜率、高盈亏比的交易机会。若只是按以上基础规则来定义获利空间，将无法发挥其高盈亏比的交易特性。下面用一个完整的交易示例来对亢龙有悔的交易获利目标进行分析解读。

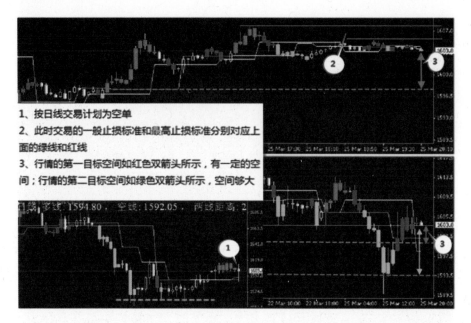

1、按日线交易计划为空单

2、此时交易的一般止损标准和最高止损标准分别对应上面的绿线和红线

3、行情的第一目标空间如红色双箭头所示，有一定的空间；行情的第二目标空间如绿色双箭头所示，空间够大

如上图所示，该图的上面部分是五分钟K线、右下角为小时K线、左下角为日线。在这个示例中，日线红色消失应制订空单交易计划，小时线出现止涨（紫色消失），在五分钟上寻找相对高点、等五分钟空方进攻来做空。这完全符合亢龙有悔空单交易规范。如上图所示，在五分钟上3号位变绿时做空，盈利目标该怎样分析？

（1）在小时级别，第一下跌空间为从当前位置到双线。

（2）在五分钟级别，第一目标位为绿线所标出的前方双线横盘位置。

（3）在图中小时和五分钟的3号位所标注的都是相应的获利空间。

如若行情发展顺利，将成为一波小时级别的行情，此时的行情目标位将是右下角红色虚线所标注的位置，即小时行情发生反转时所对应的位置称之为第二目标位。若行情发展更为顺利，则可能成为一轮日线级别的行情，盈利可能更高，我们将其称为远期目标位（上图中左下角黄色虚线位置）。下面对行情发展过程进行梳理。

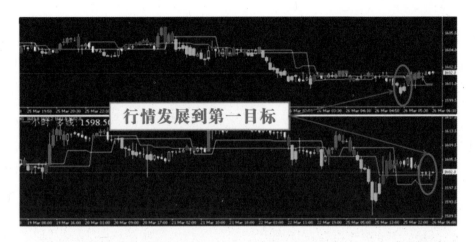

如上图所示，行情达到了第一目标位，并没有继续下跌，而是进入横盘回调阶段。此时平仓也可以，但很多时候交易者想博取更多盈利，这时就要等到行情向第二目标发展。

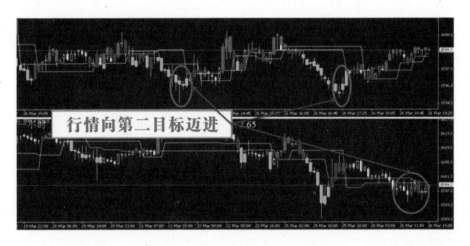

如上图所示，达到第二目标价位时，获利已经不错，对于绝大多数交易者来讲都该获利了结，继续等待下次交易机会。但有少部分交易者肯定想继续等待更大行情的到来。

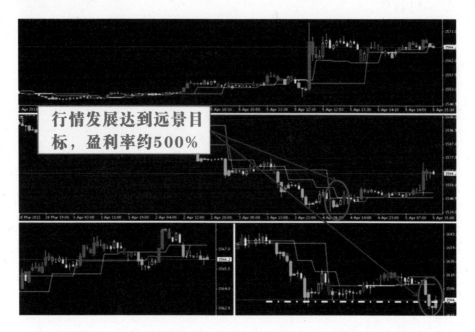

行情发展达到远景目标，盈利率约500%

如上图所示，若真的持仓达到远期目标位（日线图上白线位置），获利空间非常大。在持仓拿到这个盈利的过程中煎熬将非常剧烈，按"交易的本质"一节所讲，这属于在非常好的转折点上拿到的单，因此有丰厚的获利，多数情况下可能没等拿到这个时候就已经被震荡给从市场中扫除。

怎样制定交易目标？怎样制定更为合理的获利目标？这跟交易习惯、个人性格、风险偏好、交易频率等都息息相关。在经验不足够丰富之前，建议不要按远期目标来进行持仓，尽量以短期目标为主、外加行情流畅时博取第二目标的利润空间。

交易的本质

"格局决定结局，态度决定高度"，提出这一理念的是《财富》杂志主编吉夫科文。他还曾这样说过："企业家的格局决定企业的结局，企业家的高度决定企业的高度、远度。"将这一理念带到交易之中，也是恰到好处的，即"你的格局有多大，你的心就能有多宽；你的心有多宽，你的盈利就有多丰厚！放大你的格局，你的交易将变得大为不同！"

乍一看这表述可能让人觉得不可思议，但事实这确实是交易成长路径之中**"关键中的关键"**，是提高交易境界的必由之路。格局与盈利到底怎样产生关联的，将在下面进行阐述。先来关心一下交易的目的，交易的终极目标当然是为了盈利，为实现这一终极目标一切的一切都只是手段，我们都知道，在博彩中要想获利只有以下两个选择。

（1）提高胜率，通过高胜率来换得正向盈利。

（2）提高盈亏比，通过高盈亏比在低胜率的条件下盈利。

怎样在交易中提高胜率，前面已经讲得够多了，现在就针对交易的最高境界"格局"展开讨论。既然上面列举了两个选项，那交易中的格局自然与这两个选项紧密相关。

索罗斯的名言是"判断对错并不重要,重要的在于正确时获取了多大利润,错误时亏损了多少"，这或许是对交易格局最精准的诠释了。大师的话总是那么精辟，点到为止。在这精准背后是需要有支撑才有可能做得到。这个支撑一个是胜率、一个是盈亏比。把索罗斯的名言用胜率和盈亏比进行翻译，可以写成如下形式："判断的胜率并不是那么重要，只要你正确时的盈亏比够高，错误时的止损够低。"这样的解读是不是会更接近于交易逻辑？可将其进一步分解如下。

（1）止损够低才能在交易中有效降低试错成本。

（2）盈亏比够高才可以在低胜率的交易中胜出。

（3）判断总是会错，每次判断都是为了错而不是为了对，这样总体交易下来概率就会起作用。

第三条听起来有点不太容易理解，但如果你读过李开复先生写的《向死而生》这本书，恐怕你就不这样想了。每次交易都假设判断是错的，每次错误所付出的就是试错成本，在每次试错中来达成终极交易目的。把眼光放长远，忽视个别交易失败带来的亏损，概率只会晚来不会失效，因此总体交易下来概率一定会起作用。

有格局的交易者首先需要明确"你要的是什么"，然后一切的一切都围绕这个标的来进行。比如，我要一轮日线级别的下跌，为了完成这个交易目标，就会按照如下逻辑来进行交易组织。

（1）我必须等到日线级别的上涨结束。

（2）当日线符合后，我要在小时级别来寻找上涨势能耗尽的机会。

（3）在五分钟上寻找有利时机做空。

（4）若行情发展顺利大幅盈利，将止损调整到不亏损的地方，静候赚大钱的机会到来，不达目的誓不罢休（或者行情明确已经翻转，也可以离场）。

（5）若行情发展不顺利，止损被打掉，等待下次机会继续做空。

（6）若第四条中的单子后面又被打掉，那就等待机会到来继续进行下一次尝试。

亢龙有悔的交易逻辑很简单，就是每次试错的成本都是五分钟级别的止损，都是以小止损搏大行情，符合高盈亏比的交易要求；所有交易目的都是为了博取一轮日线级别空单，也符合交易格局；每次交易有机会都移动止损以确保不亏损，再次降低试错成本。剩下的唯一因素就是胜率，其实在亢龙有悔交易体系中最不用担心的就是胜率，下面就以现实中的交易决策过程来进行示例说明，相信在示例中你一定会看到你曾经的影子（示例所用图例为：黄金 20150504—20150605，下载地址：http://pan.baidu.com/ s/1o6oT3MM）。

交易示例一

（1）计划等待一轮空单行情的机会。

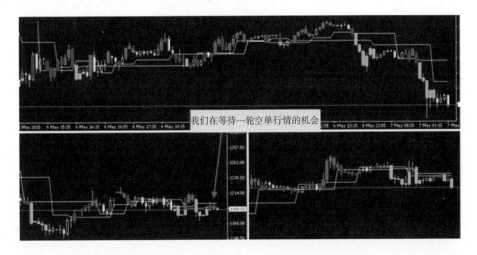

（2）小时上的最佳机会在计划制订之前就已经错失。

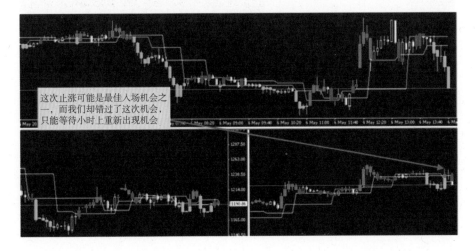

（3）出现尝试做空的机会。

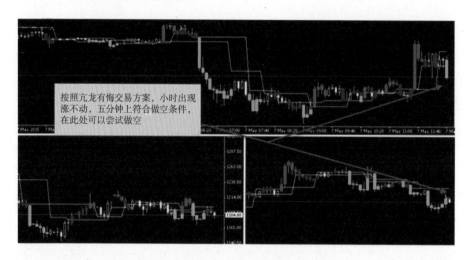

按照亢龙有悔交易方案，小时出现涨不动，五分钟上符合做空条件，在此处可以尝试做空

（4）行情下跌，调整交易止损到保本博利状态。

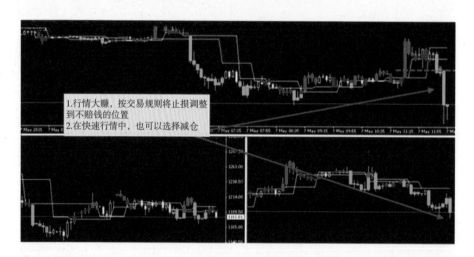

1.行情大赚，按交易规则将止损调整到不赔钱的位置
2.在快速行情中，也可以选择减仓

（5）行情反复，止损被打。

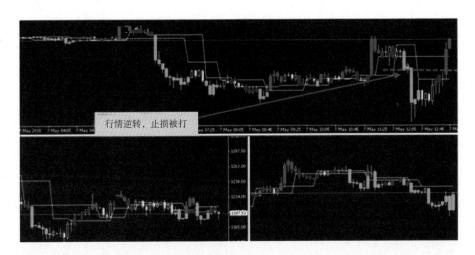

（6）坚持计划不变，等待下次机会。

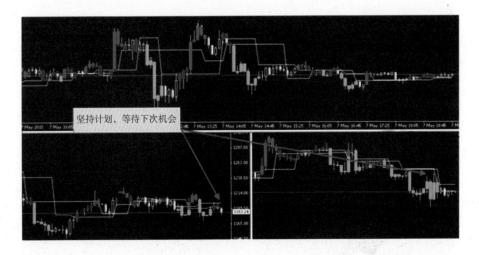

（7）再次出现交易机会（心急，没等到小时级别回调就按补充方案杀入——忘记了补充教案是用来做短线盈利的）。

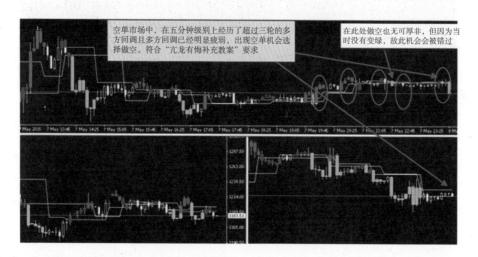

（8）行情横盘，没有明显的特征。

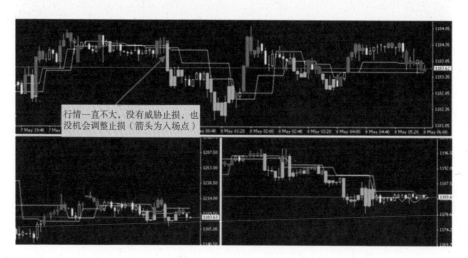

（9）危险来临，有三种选择：硬撑、平仓和同时买入多单。

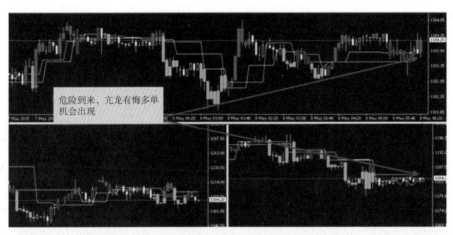

注：小时逐次减弱、横盘且出现跌不动，五分钟变红。

（10）回调猛烈。

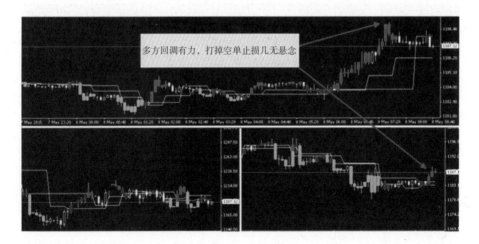

（11）数据行情来得猛烈。

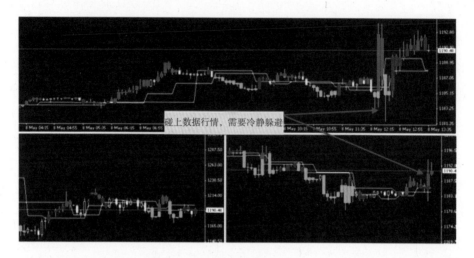

碰上数据行情，需要冷静躲避

（12）机会再现，急脾气又发挥作用了。

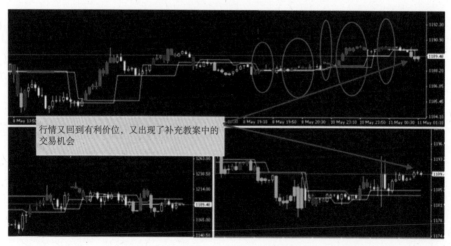

行情又回到有利价位，又出现了补充教案中的交易机会

　　注：若第（9）条时选择了买入多单，则在此处不是开空单而是将多单平仓。

（13）保本的机会再次到来。

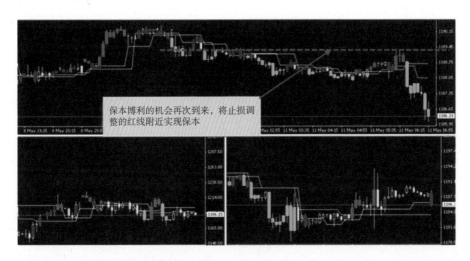

（14）行情再次发展到面临抉择的关键阶段。

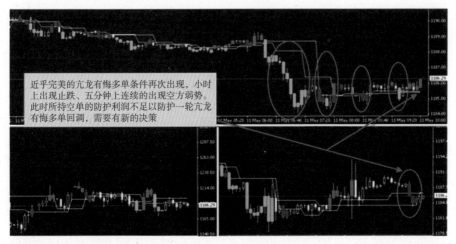

注：此时又面临跟第（9）条时一样的抉择，经过上一次的经验，相信你会选择买入多单（别忘记撤掉原有空单的止损）。

（15）亢龙有悔空单机会再次出现。

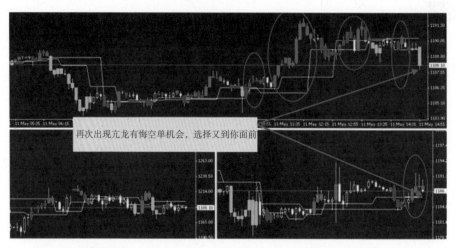

注：如若你在第（14）条时买入了多单，此时可以将多单平仓保留空单；否则就要在此处开空单。

（16）大行情到来，再次进入保本模式。

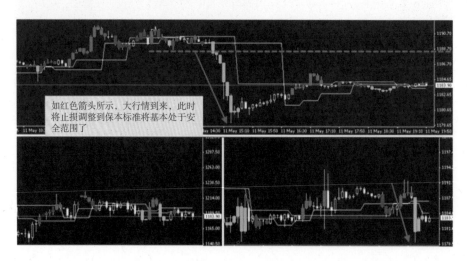

（17）奢望安全，再次被亢龙有悔多单给打败。

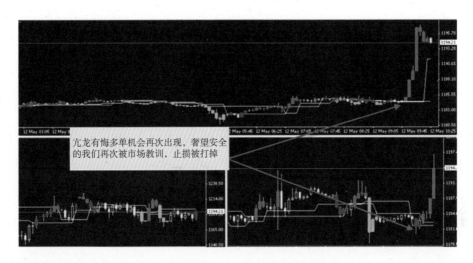

亢龙有悔多单机会再次出现，奢望安全
的我们再次被市场教训，止损被打掉

（18）至此宣告本次空单计划终止，等待下次机会。

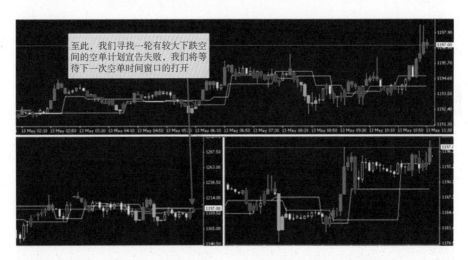

至此，我们寻找一轮有较大下跌空
间的空单计划宣告失败，我们将等
待下一次空单时间窗口的打开

（19）总结。在本次寻找大空头的交易计划之中，我们按照亢龙有悔交
易标准来寻找交易时机入场做空。在整个过程中，有多次空单机会，但在
后面都被打掉，最后一次空单机会在已经有大幅盈利的基础上还是难逃被
打止损的厄运。这充分说明：**大行情什么时候出现你是无法提前知道的，**

只要我们在交易中每次都按照标准去做，在大空头到来时我们就有可能将其抓住。

在本次作战中，整体亏损其实很小；当多单机会到来时，采用第三种策略的甚至还有较大幅度盈利。这将给追寻交易利润的交易者以更多启示，抓住了大行情确实可以赚到大钱，即使大行情没来，在整个过程中亢龙有悔高胜率的特征也能带来可观的盈利。

示例说明，就是为了让你学会怎样用亢龙有悔的短线盈利能力、高胜率的特征，不断学会在日常交易中获取盈利，还能同时为抓住交易机会提供保障，下面将继续进入第二个交易示例的探索之中。

交易示例二

在上一个示例中，追寻空单交易机会的大招，一直到明确失败都没有出现较大的单边下跌行情。接下来，我们将继续追寻空头单边行情的机会不放弃。

（1）计划等待新一轮空单行情的机会。

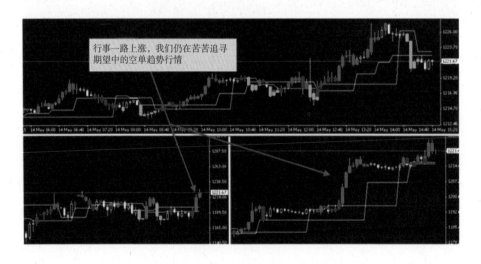

（2）虽然不符合完整的交易计划条件，仍决定冒险。

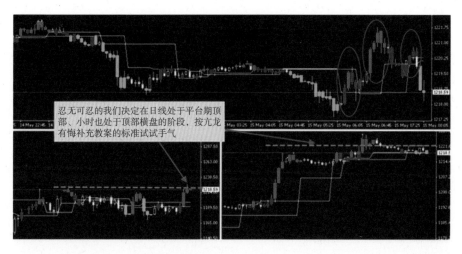

忍无可忍的我们决定在日线处于平台期顶部、小时也处于顶部横盘的阶段，按亢龙有悔补充教案的标准试试手气

（3）行情不错，给了很好的机会。

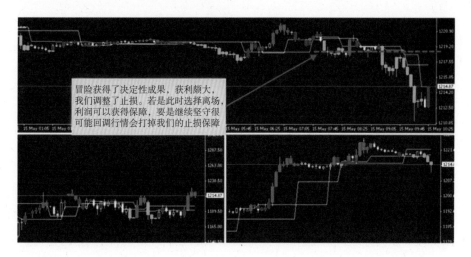

冒险获得了决定性成果，获利颇大，我们调整了止损。若是此时选择离场，利润可以获得保障，要是继续坚守很可能回调行情会打掉我们的止损保障

（4）变局可能要来了，需要应对。

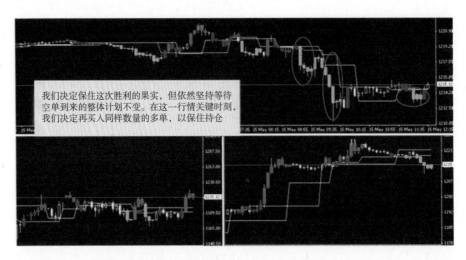

我们决定保住这次胜利的果实，但依然坚持等待空单到来的整体计划不变。在这一行情关键时刻，我们决定再买入同样数量的多单，以保住持仓

（5）再次迎来亢龙有悔空单机会，决定抓住这个机会。

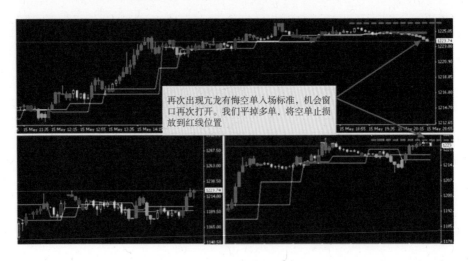

再次出现亢龙有悔空单入场标准，机会窗口再次打开。我们平掉多单，将空单止损放到红线位置

（6）感受到了来自市场的善意（虽然善意本不存在）。

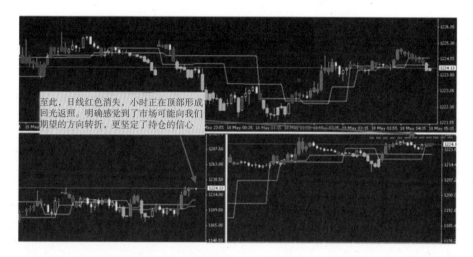

至此，日线红色消失，小时正在顶部形成回光返照。明确感觉到了市场可能向我们期望的方向转折，更坚定了持仓的信心

（7）市场击碎我们虚幻的想象。

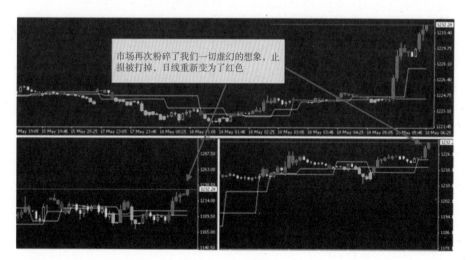

市场再次粉碎了我们一切虚幻的想象，止损被打掉，日线重新变为了红色

（8）机会可能真的来了，我们却有可能成为了弃儿。

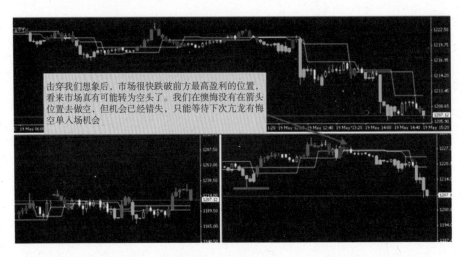

击穿我们想象后，市场很快跌破前方最高盈利的位置，看来市场真有可能转为空头了。我们在懊悔没有在箭头位置去做空，但机会已经错失，只能等待下次亢龙有悔空单入场机会

（9）认为错过机会，看到稻草就想抓住。

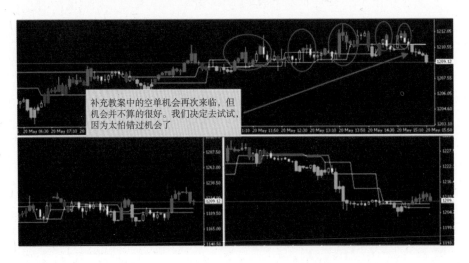

补充教案中的空单机会再次来临，但机会并不算的很好。我们决定去试试，因为太怕错过机会了

（10）煎熬的等待。

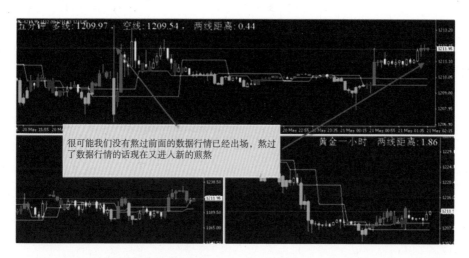

很可能我们没有熬过前面的数据行情已经出场，熬过了数据行情的话现在又进入新的煎熬

（11）亢龙有悔机会再次出现。

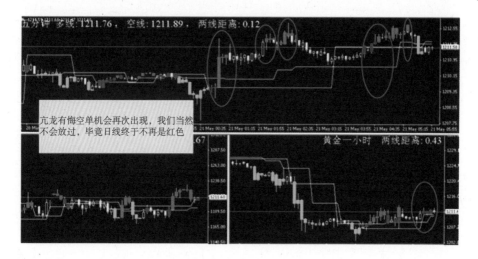

亢龙有悔空单机会再次出现，我们当然不会放过，毕竟日线终于不再是红色

（12）立于不败之地了，心情超好。

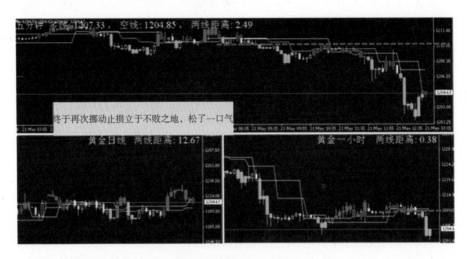

（13）又到抉择之时，我们选择无视。

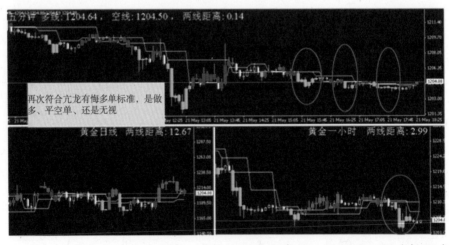

注：为博取大的趋势行情，选择无视是经常的、必须的；但选择做多又经常能拿下回调利润。

（14）虽然紧张与祈祷都没用，还是在做。

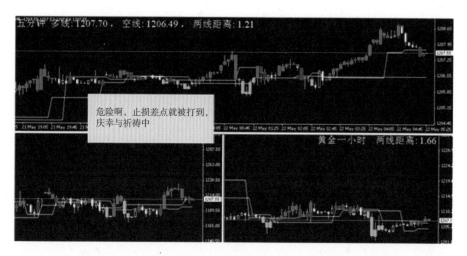

（15）行情从来不会说谎，止损还是被打，大行情依然没来。

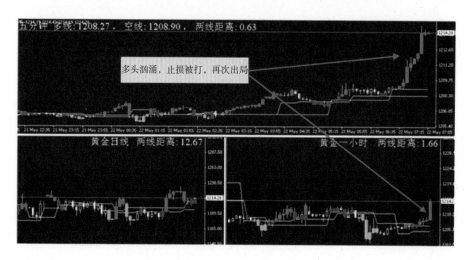

（16）行情又回来了，你在哪里。

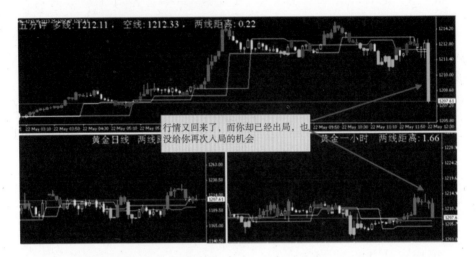

（17）亢龙有悔多单机会再次出现。

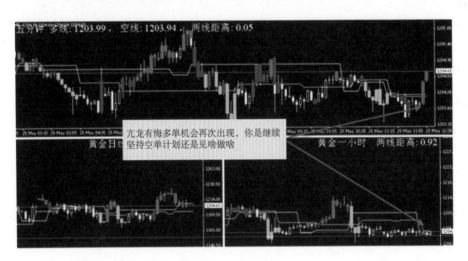

（18）终于要见真章了吗？

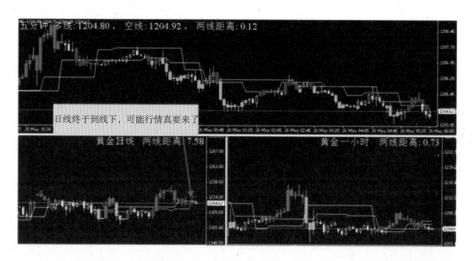

（19）接下来的，你懂的。

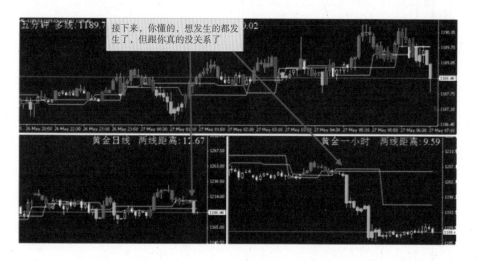

（20）总结经验教训。在整个交易过程中，在短线波段级别来看每一次机会出现我们都获利不菲，这就是亢龙有悔交易体系高胜率优势的体现。但整体上我们并没有抓到想要抓的大级别空头行情，问题出在哪里呢？我想不用回答你也知道了，那就是：**在日线刚开始上涨的逆势中就在追寻大幅度的趋势空单，这明显就是逆势交易。**在这样逆势交易中，我们竟然能够立于不败之地，这已经算难能可贵了。要是我能一边做这些短线波段积累利润，一边等待真正的单边行情出现再择机博个满堂彩，那是不是会有更好的回报表现呢？

既然明白了这个道理，现在日线已经变为绿色，请阅读本书的诸君下载交易图库继续完成第三个示例，看看在符合顺势的情况下亢龙有悔交易体系能给你带来怎样的惊喜？你自己的推演将会给出确切的答案。

交易反思

我们在交易中追求的是什么？前面提到了格局，什么是格局？通过上面两个例子的追索，你意会到什么是格局了吗？现在我想可以给出答案了。

（1）格局必须是顺大势的，正所谓大势不可违。

（2）格局不一定是把一轮行情从头吃到尾，而是追求高盈亏比的交易。比如，每次亏是亏损2块，而赚通常能赚5~6块，这就是格局。

我们所讲的格局真的就这么简单，只要把这两点贯穿到交易之中，那一定会取得非常优秀的成绩。因为马尔科夫系统解决了高胜率入场的难题，而亢龙有悔交易方案在盈亏比上也取得了很好的平衡，这两个优势叠加起来再加上有格局的交易者，必将产生可观的回报。也就是说，放下你每次都想吃掉一大波行情的心理负担，用盈亏比的方式将交易格局贯彻到每一次交易之中，你将得到更好的效果。

亚里士多德曾经说过："法律是免除一切欲念的理智。"在交易中，交易规则同样也起到免除欲念的作用在上面示例中，违规尝试所带来的风险跟实际交易中的违规交易所带来的风险相比简直不值得一提。让交易规则成为交易中的最高优先级，是确保交易盈利的有效方式。

交易示例三

有了上面的经验后，我们决定继续追逐可能到来的空单利润，害怕放过任何一次机会。

（1）机会好像又来了，决定进场。

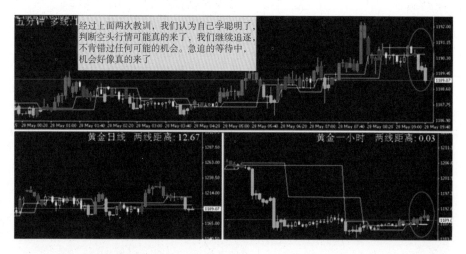

（2）行情发展缓慢。

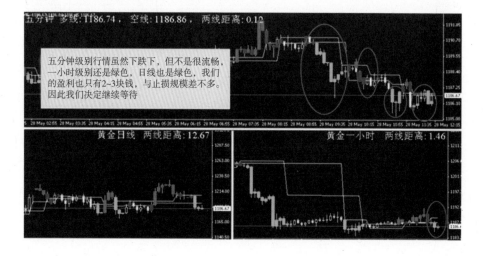

（3）行情不错。

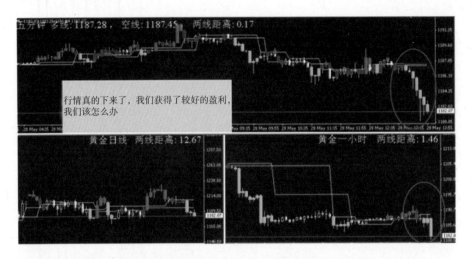

（4）要做决定了。

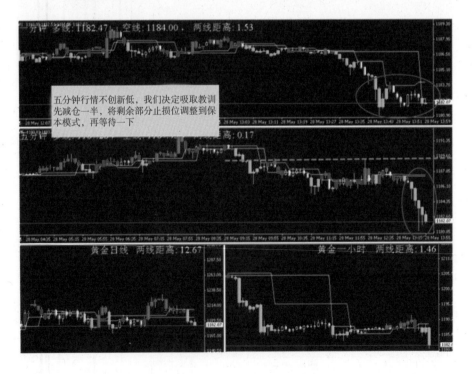

（5）好险，多亏减仓了。

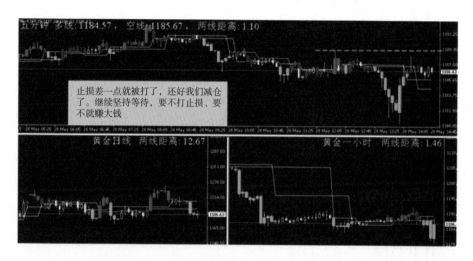

（6）止损很快被打，行情还是没来。

（7）继续等行情机会到来。

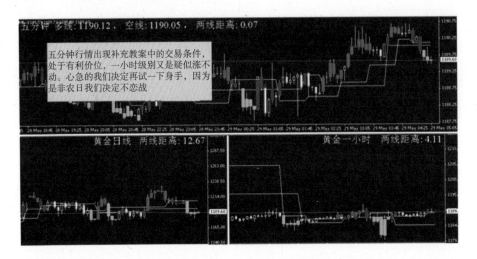

（8）落袋为安先。

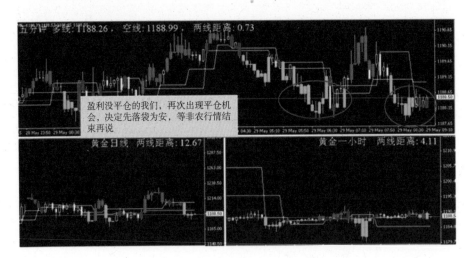

（9）非农来了。

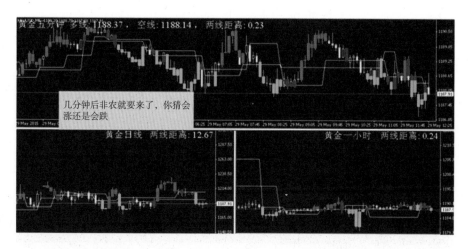

（10）非农结束。

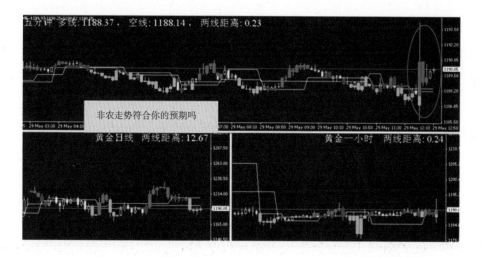

（11）非农后抢机会。

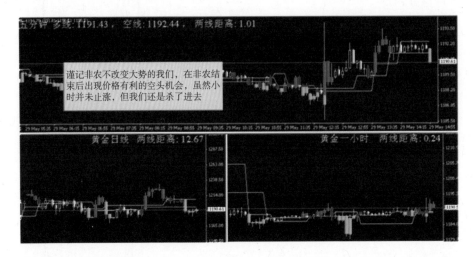

（12）危险的持仓。

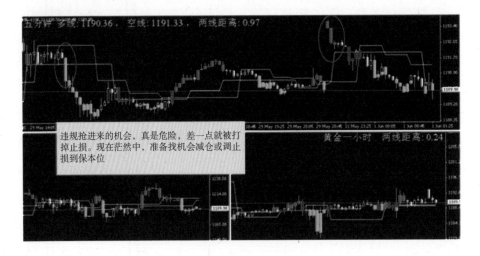

（13）机会再次出现。

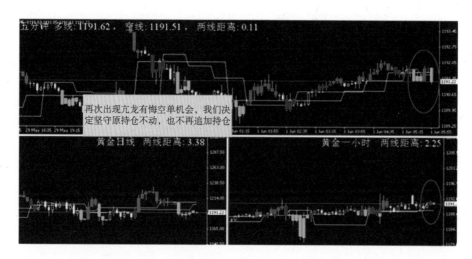

再次出现亢龙有悔空单机会，我们决定坚守原持仓不动，也不再追加持仓

（14）赚钱了，部分仓位继续博。

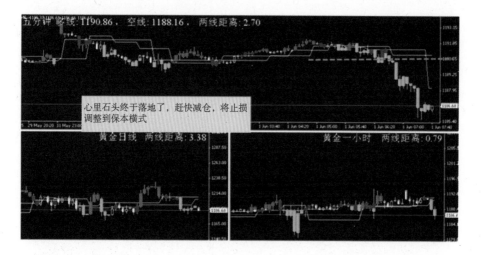

心里石头终于落地了，赶快减仓，将止损调整到保本横式

（15）又被打止损了。

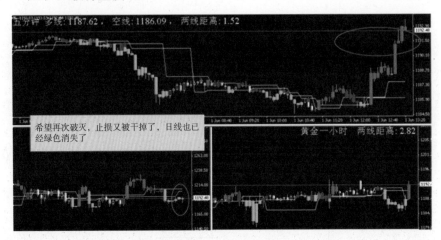

（16）总结经验。超级空头行情仍然没有抓住，我们吸取了前面的教训，用部分仓位来博取利润，这使得我们虽然大空头行情没抓到但幸运地保留了一部分利润。中途我们非农后莽撞地违规进场差点就被止损离场，没有止损纯属运气。（下一次运气还会这么好吗？）通过以上三个示例中的多次亢龙有悔交易机会，你会发现，亢龙有悔在日内的波段持仓上效果很好。（请自行下载更大量的图库进行复盘训练，学习示例够多以后，你便会得出自己的观点。）为发挥优势，建议持仓在非大幅盈利的情况下，尽量不要隔夜。

（17）后续行情。

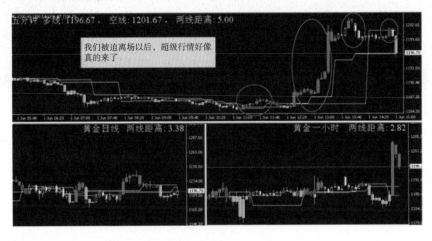

你认为后面行情真的会来吗？请认真回忆一下，我们在"制订交易计划"一节中关于制订交易计划时的日线分析，再看看现在的日线状态，或许你能悟到一些东西。若你真的能悟到，那恭喜你，本书着墨最多的一节所要表达的思想你已经基本掌握。

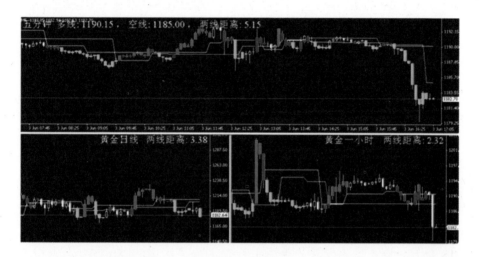

如上图的行情发展，很可能后面还会出现一大波空头行情。为何前面那么多次尝试都失败而归呢？原因在于用亢龙有悔所从事的是非常精细化的交易，每次都是精准地抓住行情的调整机会。在这种精准交易的要求之下，我们对于止损限制是非常严格的。（这是我们的优势，在这里是不是有种变为劣势的疑惑？）在这样严苛的止损限制之下，要想拿下一轮超级行情，只有精确地把握在行情转折点上才能经受得起行情来回震荡的波动与洗礼。至此，我想你已经完整地领会了什么是格局，不论是大行情还是高盈亏比的交易都是格局。

交易的真谛

以上用交易示例跟踪说明的方式来对交易过程中的操作规则进行了追述，也在段落间用小结的方式进行了一些反思总结。通过以上的学习，我想可能你已经确认找到了有效的交易策略。可是有了行之有效的交易策略到真正实现稳健盈利是一个不断强化的过程，不可能一蹴而就。在这个过程中，必须要有深刻的心理准备方有可能成为最终的赢家。

1. 输得起

交易者基本都讨厌亏损，总是找各种借口调整止损来延长交易持仓。而你要成为真正输得起的人，要愿意成为输得起的人，真正做到把止损作为交易成本的一部分来对待。

2. 成为计划的践行者

焦虑是大多数交易者的常态，正所谓赚钱比赔钱更紧张，其结果是该赔的钱一个也没少赔、该赚的钱却经常没赚到。你要努力使自己成为交易计划的践行者，按照交易计划来行事，努力成为成功的交易者。

3. 成为趋势交易者

亢龙有悔交易策略在计划制订规范上就是典型的顺应趋势，也就是说，如果一直按照亢龙有悔中的计划制订策略来制订交易计划，那么你肯定会成为一名趋势交易者。大多数交易者都随时在猜测行情是不是要到头了？是不是该去抄个底了？这些都不是趋势交易者该追逐的。趋势交易者可以在较低胜率（如30%~40%）的情况下实现盈利，其诀窍就在于亏损是有限度的，而盈利一定要顺应趋势将其放大。亢龙有悔交易方案所能做到的胜率远不止如此，甚至做到胜率翻倍都不是难事，但在整个交易中一直贯彻顺应趋势当是重中之重。

4. 简单高效

充分理解我们所讲解的交易方案，并通过实践或复盘确认交易方案可以盈利后，剩下的最重要的事情就是在所有你掌握的可行策略中寻找一种最简单易行的去贯彻执行。贪多求全通常不是上策，好的交易都是简单的、无聊的，激动人心、惊心动魄的交易都不是好的交易。

最好的交易

交易者经常陷入一个"什么是最好的交易"的争论中。通常大家都认为"从最低点入场的交易才是最好的、赚的最多的交易是最好的",真的是这样吗?其实,前面的示例中也有着这种思想倾向在里面,难道这也是不对的吗?当然,既然提出来了就肯定是另有答案。这个答案有了,也就可以在更高层次上认识到为何前面示例中想拿大行情的冲动总是不尽如人意。

由此,争论引申出来的就是"最好的进场点是什么",也许你马上就会回答:"买涨是在最低点,买跌是在最高点!"其实这是一个地地道道的误区。有一定交易经验的朋友可以回顾一下,很多时候就是死在了这个最低点和最高点之上。我们认为,最好的买入点是离卖出点最近的交易机会(所用交易方案不同,交易时机也会有所区别)。只有这样,你的钱在市场里的时间才最短,而只要钱在市场里总是会面临不可控的风险。

我们再次回顾一下以上亢龙有悔的示例,可以看到亢龙有悔的标准进场位置都是离平仓点很近的入场点。同时,入场点的止损要求也是相对较低的。至此,已经把亢龙有悔的本质讲述清楚了。各位读者可以回头结合这个结论再捋一遍整个内容,就会有更多的收获。在本节最后,将亢龙有悔的基础优势总结为如下三条。

(1)交易胜率高。

(2)小止损来博大收益。

(3)持仓时间短。

仓位管理

开篇中提到的那位交易天才 Mark Andrew Ritchie，他着重强调仓位管理，并且强调仓位管理是风险管理的核心组成部分。有了优秀的高胜率的交易系统固然重要，若没有与之配合的仓位管理，在交易中仍然可能意外频出。就像很多交易者，胜率已达到了70%，但因为仓位管理不当而最后却将本金损失殆尽。仓位管理是科学，不是艺术，有严格的计算流程，下面将对计算仓位管理的数学算法依据进行简述。

最高仓位的计算

以下是著名的凯利公式，根据凯利公式，能够方便地计算出赌博中的合理投注比例，公式如下：

$$f = (bp - q) \div b$$

式中，f——投注金额占总资金比例；

      p——获胜概率；

      q——失败概率，q=1-p；

      b——赔率，即盈亏比（比如，赔是100，赚是200，那b就是2）。

比如，采用一套方案投资黄金，每次止损都是最高3美金，10次中有7次是赚的，每次盈利介于1~10（综合取下限为2美金），那开仓的最大限度是多少？先进行凯利值计算，如下所示。

(1) b = 2÷3 = 0.666；

(2) = 0.7；

（3）q= 0.3；

（4）f=（0.666×0.7−0.3）÷0.666 = 0.249。

以上计算得出0.249是什么意思？也就是一次最多允许赔掉总资金的24.9%。比如，我有10万美金，那就是最多一次亏损不能超过24900美金。这个按3美金的止损就是 24900 ÷ 3 ÷ 100 = 83 手，即每次下注理论值最高为83手。

凯利公式的计算是以纯博彩下注额为原则，但进行黄金投资是需要交易保证金的。为保证最后一次开仓还有足够开83手仓位的资金，则需要计算保证金水平，以下按保证金比例进行调整的最大安全开仓量。

若保证金比例为1/100，黄金价格为1300，设最大开仓为y手，按0.249的凯利公式取值需要在第四次开仓时有充足的保证金，则列方程式如下所示。

100000−y×300×3 = 1300×y×100×1÷100

解方程式得出最高开仓量为：y = 47.6手。

注：公式中300是指一手亏损最高为300，后面的3是指凯利公式计算的第四次开仓前的3次开仓均假设为亏损；后面第一个100是指一手黄金为100盎司。

若保证金比例为1/300，黄金价格为1200，设最大开仓为y手，按0.249的凯利公式取值需要在第四次开仓时有充足的保证金，则列方程式如下所示：

100000−y×300×3 = 1200×y×100×1÷300

解方程式得出最高开仓量为：y=76.9手。

注：以上计算未考虑交易费用，若考虑到交易费用，需要进行提前扣除。

平衡持仓法

所谓平衡持仓法，顾名思义，就是持仓的数量保持均衡，不是一会儿多一会儿少，这种持仓方式一般分为以下三个标准。

（1）按资金比例来持仓。比如，按照每一万美元开一手黄金，当资金增加到15000时，那就是开1.5手；当资金降低到8000时，那就开0.8手。

（2）按固定数量持仓。指在资金允许的情况下，每次开仓数量保持一致，不能一次多、一次少。

（3）按交易目的来分别持仓。比如有交易者，将止损标准为1美元的交易持仓都为1手，将止损标准为2美元的交易持仓都为0.5手，这就是一个按目的持仓的典型。短长交易搭配的混合交易者，可以通过这样的交易分配来达到相当于两个账户交易的目的，一个做短线、另一个做长线。

需要明确的是，平衡持仓法的同时持仓总量也不能超过按最高仓位计算得出的最大持仓量。

倍增持仓法

倍增持仓法在赌博中的应用是，第一次押注10块，若是输了第二次就押20，再输了第三次就押40……直到赢了后重新开始押10块，或者连续输的次数达到预设上限（比如最高押6次）后重新从10块开始押注。

这种押注方式在赌博中好处显而易见，就是一旦输了，后面只要赢一次就能把前面赔的都赚回来，从而整体上增加了赌博的回本概率。坏处是，一旦碰到连续亏损需要非常大额的资金才能顶得住这样的倍数加注。要是顶不住，那就会很快全部赔光。

这样的原理同样可以用在交易上，因为交易不同于赌博，不存在押注全部赔完的情况，所以实际应用中可以将倍增系数调整为1.1~2的任何数值。当然，这样的数值也不是拍脑门决定的，其具体计算是有据可依。

（1）首先，按照最高仓位计算中的算法计算出f的取值。

（2）按照最高仓位计算中的算法计算出最高理论开仓值y。

（3）对（1÷f）向上取整为U，此处要的是"比U大的那个最小整数n"。

有了以上三个参数就可以根据初始开仓量计算出最高系数取值，也可以根据系数取值反算出初始开仓量的最大值。示例算法如下（假设已经计算得出）。

（1）f=0.24。

（2）y=9。

（3）（1 ÷ f）=4.16 => n=5。

若初始开仓量为3，则最大开仓系数r计算如下所示。

$3×r^{(n-1)}=9$，将n=5带入，解得 r=1.31，也就是最大系数为1.31。

若最大开仓系数为1.4，则初始开仓量m计算如下所示。

$m×1.4^{(n-1)}=9$，将n=5带入，解得 m=2.34，也就是初始最大开仓量为2.34。

使用倍增交易法，在出现连续亏损时，因为仓位的不断加大所以只要后面的交易有盈利就可迅速补足前面交易所造成的亏损。因为最大持仓量的限制，所以并不会造成赌博中一次亏完的情况出现，这在实际交易中是非常有效的提高盈利能力的一种手段。按照经验值，系数r的范围一般选择为1.2~1.5。

趋势确立加仓

在开篇中，我们就对逆市加仓进行了批判。因为逆市加仓表面上看是降低了你的平均持仓成本，但其风险更是成倍增加。趋势确立加仓是指在盈利足够的情况下，当符合交易策略的交易机会再次出现时，加大仓位以博取更大的收益。这时候风险控制的参考标准就是把赚到的利润赔掉就收手，只要本金安全，就放手一搏，博个满堂彩。

交易者可能会认为，既然行情有利又有足够浮盈，那放手一搏岂不离发财梦更近？虽然这并没什么错，在超级大行情来临的时候，不论何时只要加仓买入就不会错，但毕竟超级大行情是不多见的，所以加仓时机的选择一样需要秉承**有利价格加仓**的原则。

这种持仓策略是趋势追逐策略的典型应用。因为趋势一旦确立是不轻易翻转的，利用趋势持续性的这种特点，博取足够的利润，一旦重仓拿下一轮趋势，那获利规模可能是日常小幅积累获利的很多倍。这种持仓方式可是非常惊心动魄的，需要交易者有足够的定力方可把握。

更全面深入的仓位管理

上面用浅显易懂的方式对常见的仓位管理方式进行了说明但并没有进行更深入的资金管理原理解读。在实际交易中，因投资领域的不同仓位管理的方式远不止这些。如果想对仓位管理有更深入的了解和需求，投资者可以去阅读布伦特·奔富的恢弘巨著《交易圣经》第八章。奔富在这一章中用60多页的篇幅对资金管理进行了详细解读，对于理论知识不足的交易者，在阅读前要做好不易读懂的准备。

实践的节奏

　　心理学研究成果中有一个结论："人类会在决策过程中走很多捷径，正是这一点使人类变成了非常无效率的决策者。"此语的大意就是，人类有想当然的天性，因为这种自负的想当然使得人在进行决策时并不总是采用最佳方案。对于人类的想当然我们都不陌生，这类决策在生活中遍地都是。比如，当人们买六合彩时会认为，当中某个号码的中奖概率要更高；而买双色球时会认为，某一注出现的概率要更大且执着于追逐此筹码；在赌场里，人们总是认为自己会幸运地在下一次把赌注赢回来。要真的是理性决策那情况将会是：你买六合彩就不会有幸运数字，每次都买同一个数其实也是不错的选择；你可能永远都不会去买彩票；赌场输了就认输，而不是加大筹码去博取下一次的运气。

　　当然，人类生活之所以丰富多彩，很大程度上正是建立在这种"想当然"之上。要是每个人都成为经济学假设中的理性人，那世界可能就不会这么繁荣，也不会这么多彩。但正是这种普遍的"想当然"使得交易市场中千姿百态，同时也充满了诱惑与陷阱。这也使得具备理性决策能力的交易者可以从中得到更高的回报。

　　在交易领域，多数投资者做出的投资也是以"想当然"来作为交易依据的，这就给我们带来了以下两种机会。

　　（1）因为想当然者是多数，所以市场特征也符合人类的行为学特征。

　　（2）对理性投资者来说，这就是取之不尽的"金矿"。

　　针对第一条，其实前面所讲解的技术逻辑就是建立在这个基础之上所取得的成绩。也就是说，一旦市场上的交易者都变成了理性的交易者，那这套技术体系也将失效（乐观点，这种情况可能永远都不会出现）。针对第二条，其实每位立志于成为一名伟大交易员的人都走在去"挖金子"的路上，并且一不小心就会陷入"想当然"的绝大多数人那一边。

上面所讲的决策依据其实都很简单，根据这些规则来判断你的交易胜率一定是有保障的。但交易真正的难点不在于技术的掌握，而在于技术的应用。学习相对是比较容易的，但把学到的东西运用于你的每一次决策是相当困难的。也就是说，最难的是，每一次做出决策都是根据交易系统所给出的证据来做出，而不是凭自己的天才先做出决策后，再到交易系统去找证据来证明你的天才。

交易品种的选择

说到交易品种，就不得不提股票。买股票那就是买100万元的股票就要付出100万元在市场里。要是股票跌了又没有及时平仓的话，100万元可能就会变成50万元甚至10万元。当然股票也是可以借钱买的，可以选择融资来买，不过100万只可以融资100万元，也就是可以买200万元的股票，不过不论你买还是不买，你那100万元借来的钱都是要付利息的。可能你会想，要是能用10万元买100万元的股票就好了，这样赔最多就赔10万元，赚却是100万元在帮你赚钱。世界上有这样的好事吗？当然，金融市场就提供了这个方便。做期货可以，做外汇可以，做CFD差价合约也可以。

期货、外汇和CFD差价合约，对于很多初涉此行的交易者都是生僻词汇，我们用通俗语言简要介绍如下。

（1）期货，就是对一个约定到期日的商品进行买卖，到了那天就必须兑现。

（2）外汇，通常是指现货外汇交易，你买了可以一直放在那里随时可以平仓。你买的品种利息高，你就可以获得利息（钱在银行是有利息的）；你卖的品种利息高，你就要付出利息。

（3）CFD差价合约与外汇现货交易是一样性质，只是交易的标的物不再是货币，而是贵金属、原油、货币指数、股票指数等高流通性标的。

期货通常需要10%~20%的保证金，外汇保证金一般在1%~5%，CFD保证金与外汇基本一致。对于想随时可以交易、不用关心合约到期日、想有机会以小搏大的交易者，那外汇和CFD合约是理想的交易对象。

个人交易风格

每个人都不一样，都有各自不同的个性和偏好。市场上有一种说法是，适合自己个性的交易风格才是最适合的。事实真的是这样吗？理想状况自然是如此，要是你的个性跟市场的个性根本就不兼容，你该怎么办？如果交易风格与自己的个性相符，同时又能赚钱，又快乐又赚钱，何其乐哉。如果交易真的是可以这样舒适，那每个人有什么理由不从事交易坐拥丰厚利润，而偏偏去辛苦劳作换来微薄的回报呢？而事实上是，既舒服又赚钱的交易基本不存在。

虽然让你舒服的交易并不存在，但仍然可以在能盈利的交易模式中选择自己能够更好适应的方式。比如，每天都闲不住、精力旺盛的喜欢盯盘的人，那就该选择较短线的交易频率；喜欢以小搏大，要不赔完、要不赚很多的赌徒式交易者，适合寻找行情剧烈波动时的博彩，如非农和联储议息；喜欢买了就短时间不再关注，直到盈利或止损，这样的交易者适合较长线的交易风格。

虽然没办法选到让自己舒服的交易风格，但交易者仍然要选择一种机会来作为自己的交易风格。在选择交易风格时，只需秉承一个特征"简单"。简单才是交易的真谛，所有机会都是等出来的，只有简单的执行方案才能够被高效地执行，从而拿到方案中所对应的利润。亢龙有悔交易方案中可以衍生出很多种不同周期的策略组合，也可以衍生出很多的交易技巧。随着经验积累和学习的不断深入，作为交易者，要逐步形成自己的主交易风格，不再是一味贪多求全。

非农特战营

有一句名言:"外因是变化的条件,内因是变化的根据。"这句话用在非农行情中是再贴切不过了。非农数据一旦公布,市场总会上蹿下跳、剧烈波动,等恢复平静后又逐步回到数据发布前的均衡状态。我们经常说非农只是一个借题发挥的借口,并不改变行情的原本走势(行情本身就处于转折关头的另讲)。既然是借口那就是外因,只要能够找到内因可能就会对非农行情的变化规律有所发现。下面将用一年的非农行情图来进行展示,我们将按照同一个简易逻辑来进行推断。看完一年的分析后,你可能会发现其中确有某些规律可循。

(1)2014年非农时间安排。

2014年1月非农数据公布时间	2月7日21:30
2014年2月非农数据公布时间	3月7日21:30
2014年3月非农数据公布时间	4月4日21:30
2014年4月非农数据公布时间	5月2日21:30
2014年5月非农数据公布时间	6月6日21:30
2014年6月非农数据公布时间	7月3日21:30
2014年7月非农数据公布时间	8月1日21:30
2014年8月非农数据公布时间	9月5日21:30
2014年9月非农数据公布时间	10月3日21:30
2014年10月非农数据公布时间	11月7日21:30
2014年11月非农数据公布时间	12月5日21:30
2014年12月非农数据公布时间	1月2日21:30

（2）2014年1月10日非农。

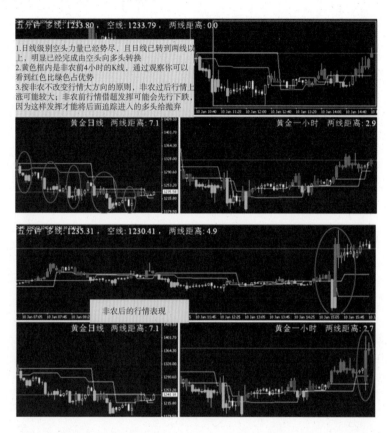

非农后的行情表现

（3）2014年2月7日非农。

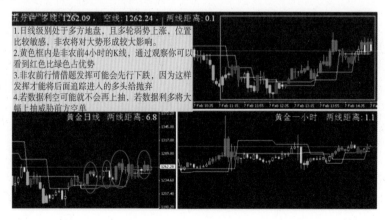

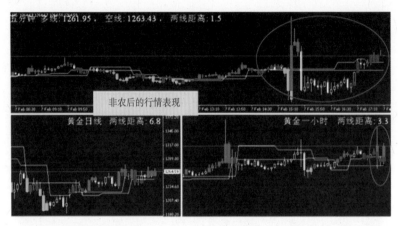

（4）2014年3月7日非农。

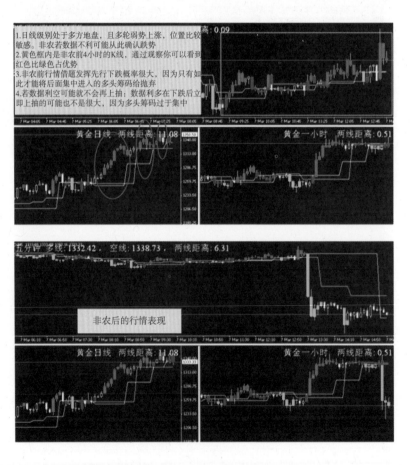

（5）2014年4月4日非农。

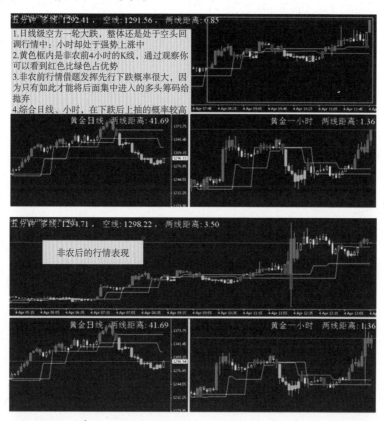

（6）2014年5月2日非农。

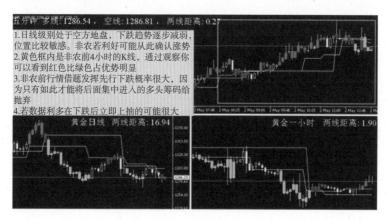

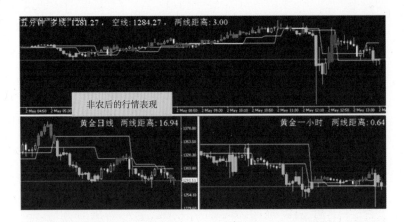

（7）2015年6月6日非农。

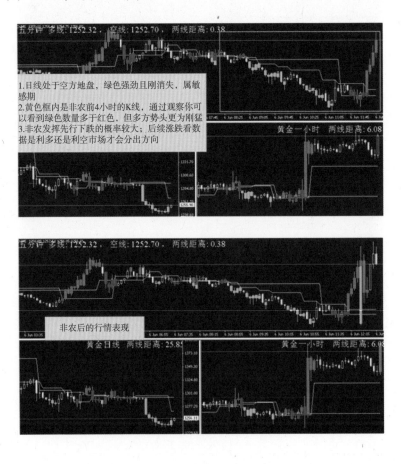

（8）2015年7月3日非农。

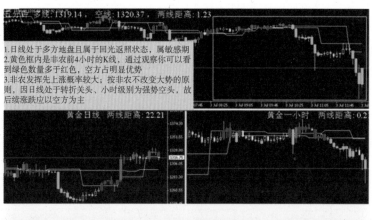

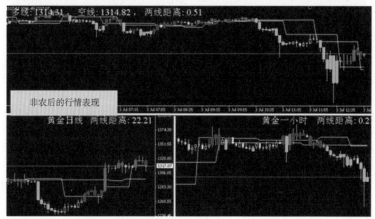

注：这次非农按上述逻辑并没有赚到钱，整体上这也是一次弱爆了的非农，行情波动很小。

（9）2015年8月1日非农。2014年8月数据缺失。

（10）2015年9月5日非农。

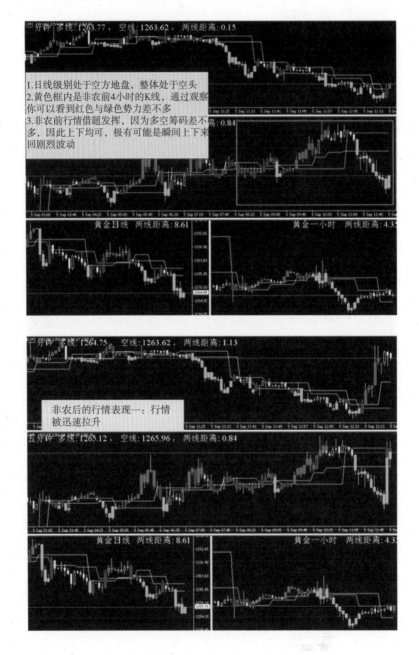

1.日线级别处于空方地盘，整体处于空头
2.黄色框内是非农前4小时的K线，通过观察
你可以看到红色与绿色势力差不多
3.非农前行情借题发挥，因为多空筹码差不
多，因此上下均可，极有可能是瞬间上下来
回剧烈波动

非农后的行情表现一：行情
被迅速拉升

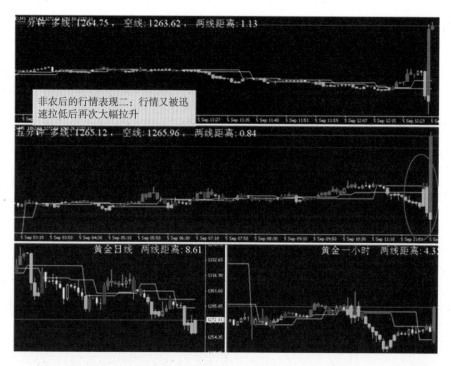

（11）2014年10月3日非农。

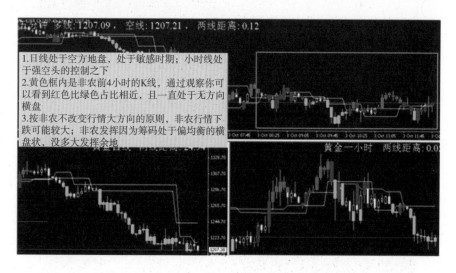

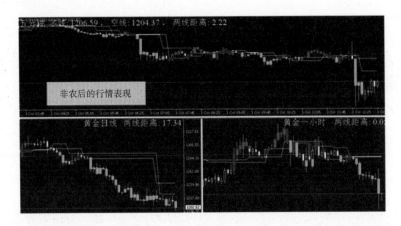

（12）2014年11月7日非农。

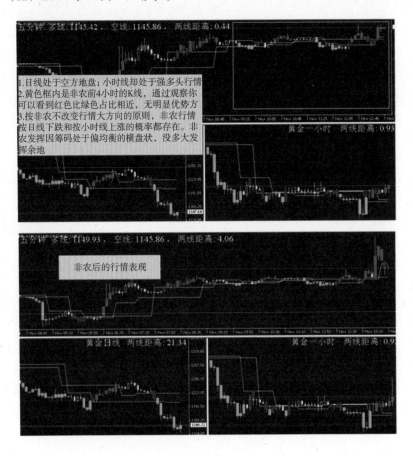

（13）2014年12月5日非农。

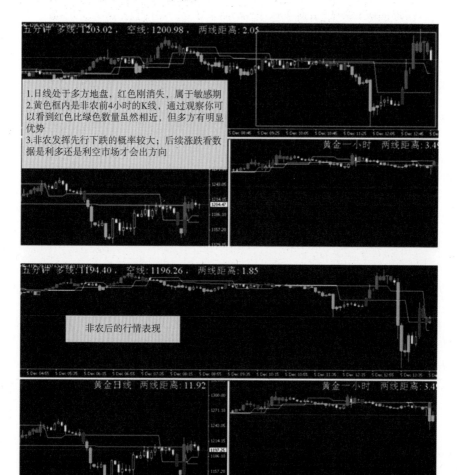

（14）小结。上面用了一年的非农行情来进行分析表述。在整个表述过程中，都用了朴素且自始至终保持一致的简单逻辑来对行情进行分析预测。通过分析可以看出，多数情况下我们是有很高胜算的。这就是典型的用内因来对外因展开预测，且一样取得了高胜率。

其实，作为投机者来说，一年就选这12次机会来进行交易也已经足够。当中那些有确定性机会的交易，如果全盘来做，收益将非常可观。比如，一年的总投入为12万美元，分6份，每次非农来临就入金两万美元。按300倍杠杆就可以开仓50手。一旦正确，即可以盈利10美元的差价（多数情况远不止10美金），那就是5万美金的盈利；亏损最多就把账户上的2万美元赔光而已。一年做6次交易，只要两次作对就可以实现可观盈利，按上面2014年的数据你可以做个推算，试试看将有怎样的收益。网站上不止有2014年的数据，有心者可以下载更多的图库进行推演，通过复盘来推断上述逻辑在其他年份是否一样适用，一并推算按此交易就可以获得的收益水平。

理查德·L.威斯曼在《赌场式交易策略》中讲到了三个优势，若是真的拿非农来赌博，还是符合这所有三个优势的。

（1）有一定优势的交易策略。以上非农特战营的交易策略是否具有优势，相信你已经得出结论，并可以引用更多数据进行印证。

（2）理性合理的资金管理。资金管理的重要性不消多说，可以对资金进行等分式投入，比如分为6~10份，每次下注一份。

（3）对市场的清醒认识与严格自律。严格的自律，就是一年最多赌12次，不符合条件的绝不参赌，最终赌的次数肯定少于12次。自律真的可以这么简单。

流程化的交易管理

为了最大限度地避免交易的主观随意性，提高按规则交易的执行力，可以将计划与执行环节进行分离，并对执行环节按标准进行工序划分，尽量做到可量化分工执行。下表是我们在执行时可以参照的一个简略计划分解样本。

亢龙有悔交易跟踪表

等待类型	项目分类	项目标志	是否符合	备注
		计划方向：多单	计划时间	
类型一	前提	小时级别绿色或蓝色消失，或出现跌不动		
	标志	1.五分钟级别出现多轮下跌		
		2.五分钟级别上出现空方趋弱的相对低点		
		3.五分钟级别上变红，多方发起进攻		
类型二	前提	1.小时级别前方经过一轮像样的上涨		
		2.小时级别经过回调，但并没有达到线下变绿的标准		
	标志	1.五分钟级别出现三轮或以上的下跌		
		2.五分钟级别上每轮下跌的力度是趋弱的		
		3.五分钟级别最后一轮下跌是呈横盘状（通常是跌不动）		
		4.五分钟级别上变红，多方发起进攻		
类型三	前提	1.小时级别经过多轮下跌，且逐次趋弱		
		2.小时级别上出现明显的跌不动迹象		
		3.行情在小时级别符合相对低点的定义		
	标志	1.五分钟级别上变红，多方发起进攻		
		2.五分钟级别进攻干净有力		

交易的修炼

【交易者凭什么吃饭】工匠靠手艺吃饭，演员靠演技吃饭，作家靠思想吃饭，职业交易者靠什么吃饭？靠宏观知识？凯恩斯没赚到钱。靠基本面？潮涌鸡犬升天，潮退时，血流成河。靠技术分析？艾略特——自己数得都头晕。那职业投资者靠什么吃饭？四个金光闪闪的大字——交易系统，敲敲键盘就能过得不错！

【教训日记】2015年8月28日，以做短线反弹思维买进了天成控股，由于卖出犹豫不果断，在仓位很轻的情况下两天亏损50多万元，这也是今年以来最大的一次亏损，可能也牵连了一些股友（表示歉意，在以后的熊市中要格外注意），罚自己今天晚上不吃饭，用戒尺打手心五下，把八号公馆的卡扔掉，发此博文备忘。

以上是最近在朋友圈发布内容的截图部分，截图都是来源于微博上的股票达人，都是有感而发。问题想来简单，谁都希望有一套交易系统能够敲敲键盘就能过得不错。奈何，在交易的路上像华荣（截图所引用微博的博主）这样的著名高手都会违反交易规则。这让我想起了我们的交易体系，在马尔科夫高胜算交易系统框架下进行交易的投资者其实也面对一样的难题，正所谓：高手追求宁静，很少交易，等待为数不多的交易时机；新手追求疯狂，也就是随时都想捕获机会，一天不交易都寂寞难耐。

这就像是一个人的成长过程，在儿童时期总是精力旺盛，跑跑跳跳、玩耍一天都不知疲倦；在青春期，也是狂躁得总是希望时间快点过去；等到进入壮年才能够不随时都在期盼周末、期盼节日，总是感觉时间在溜走。没有儿童期、青春期的积累，也就不会有后面的持重与谨慎。青少年期的教训一方面是不可或缺的，另一方面是价值无限。

交易也是同样的一个过程，初级阶段的交易者基本都是处于迫切寻找交易机会的躁动之下，这样的躁动几乎不可避免。但问题就出在，这些躁动之下的行为能否少做无用功，更好地为将来的交易人生打好基础？这些躁动下的交易，怎样能够使得交易节奏整体上体现出严格执行交易系统后的价值？

写本节的目的就是意在给处于"少年期及青春期"阶段的投资者提供交易系统的指导，使交易者的交易冲动能够为以后的交易生涯打好坚实的基本功，尽量少在交易模式的选择上走回头路、做无用功。

亢龙有悔是建立在马尔科夫高胜算交易系统有效识别行为末端的优势之上的一套交易体系，这套体系以前一直都是作为高阶交易者的教程，因为理解能力与交易频率的原因一直没有在初级者中进行推荐。经过很长时间的思考与实践后发现，若是**有一定基础的交易者**从一开始就按照亢龙有悔的交易原则来进行较短线的交易，逐步积累经验就可以成为交易高手。在这个过程中，交易者的本金回撤通常会比较小，对于善于总结的交易者也能够更快地从频繁交易的泥潭中走出来。

亢龙有悔标准教程是以日线为基准来制订计划，对于实践初期的交易者可以摒弃这一点，直接在小时级别来制订计划，然后在五分钟甚至一分钟级别上来寻找交易机会。

空单示例

我们将亢龙有悔空单交易的交易规范调整如下。

（1）按小时为标准来制订交易计划。

（2）在小时级别出现止涨时，开始在五分钟级别上寻找空单交易机会。
若五分钟级别出现尢龙有悔教程中所讲的空方进攻，则做空。

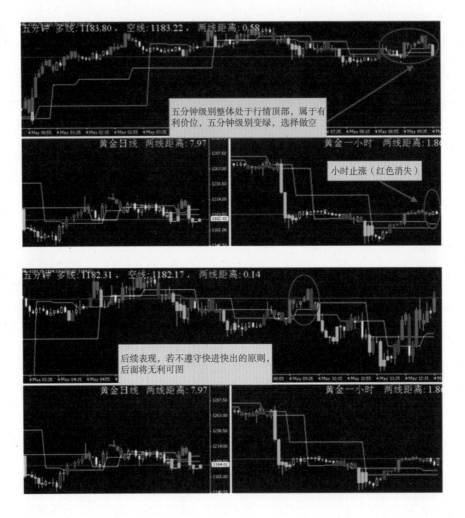

若五分钟级别前方有明显的多方势弱且处于相对高点，当一分钟级别
上有明确空方进攻时也可以做空。

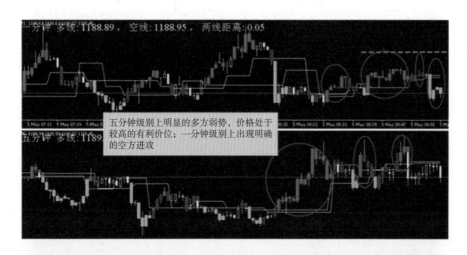

五分钟级别上明显的多方弱势，价格处于
较高的有利价位；一分钟级别上出现明确
的空方进攻

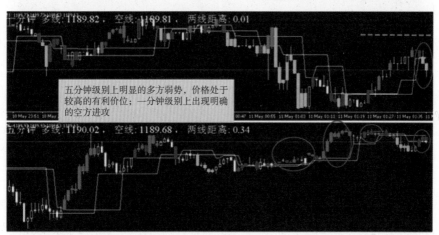

五分钟级别上明显的多方弱势，价格处于
较高的有利价位；一分钟级别上出现明确
的空方进攻

（3）若小时级别没有出现止涨，则需要五分钟级别符合"亢龙有悔补充教案"中规定的特征，才能纳入交易考量范围。具体交易规则同上两条一致，并且要坚持只要小时级别颜色不变就要快进快出的短线交易原则。

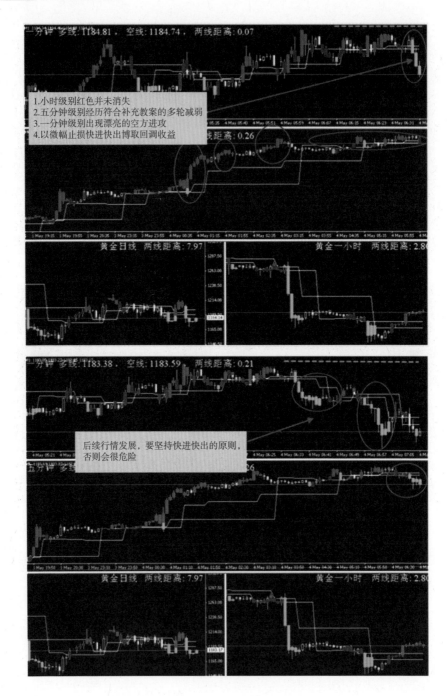

一分钟 多线：T184.81，空线：1184.74，两线距离：0.07

1.小时级别红色并未消失
2.五分钟级别经历符合补充教案的多轮减弱
3.一分钟级别出现漂亮的空方进攻
4.以微幅止损快进快出博取回调收益

黄金日线 两线距离：7.97

黄金一小时 两线距离：2.80

一分钟 多线：T183.38，空线：1183.59，两线距离：0.21

后续行情发展，要坚持快进快出的原则，否则会很危险

黄金日线 两线距离：7.97

黄金一小时 两线距离：2.80

（4）若小时线处于红色阶梯状排列,则禁止任何形式的做空,如下图所示。

小时线多头行情（K线阶梯排列）禁止做空

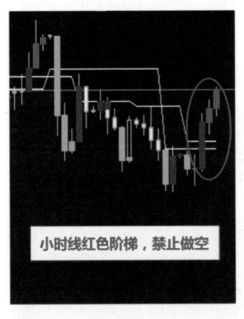

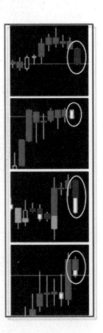

解禁标准1：
蓝色K线

解禁标准2：
阴线

解禁标准3：
半截紫K线

解禁标准4：
半截红K线

小时线红色阶梯，禁止做空

（5）若小时线出现跌不动也禁止做空，出现第（3）条中所列情况也可以解禁，如下图所示。

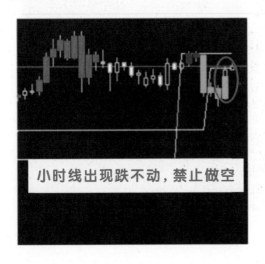

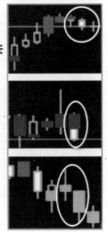

解禁标准1：
红/紫色消失

解禁标准2：
出现涨不动

解禁标准3：
重新变绿

小时线出现跌不动，禁止做空

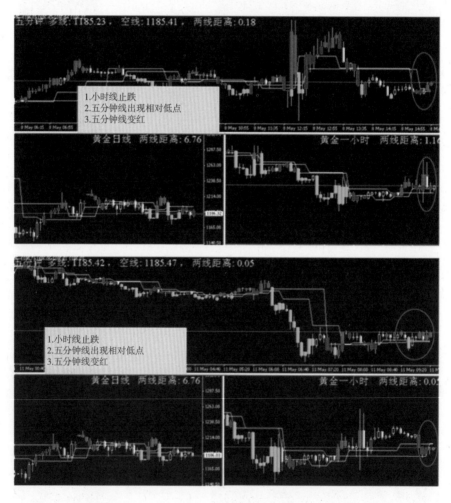 交易转折的艺术

多单示例

同样，我们也将亢龙有悔多单交易流程进行如下调整。

（1）按小时线为标准来制订交易计划。

（2）在小时线出现止跌时，开始在五分钟线上寻找多单交易机会。

若五分钟线出现符合亢龙有悔教程中所讲规则的多方进攻，则做多。

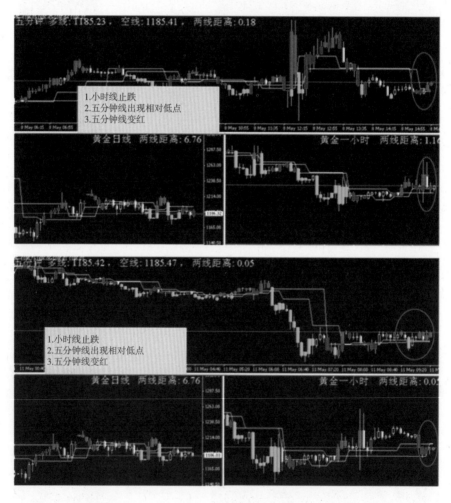

若五分钟线前方有明显的空方势弱且处于相对低点，当一分钟线上有明确多方进攻时也可以做多。

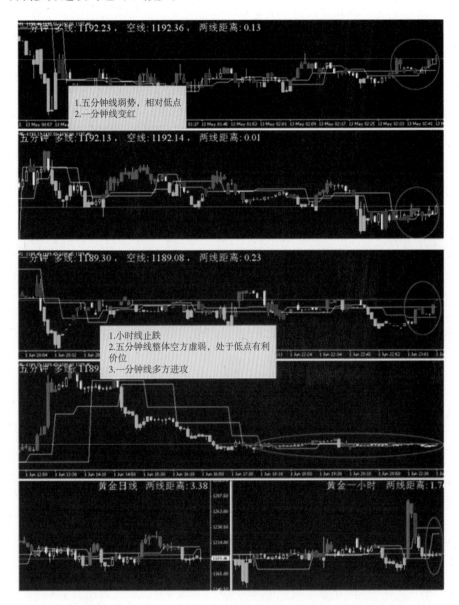

（3）若小时线没有出现止跌，则需要五分钟线符合"亢龙有悔补充教程"中规定的特征，才能纳入交易考量范围。具体交易规则与第（2）条一致，并且要坚持只要小时线颜色不变，就要执行快进快出的短线交易原则。

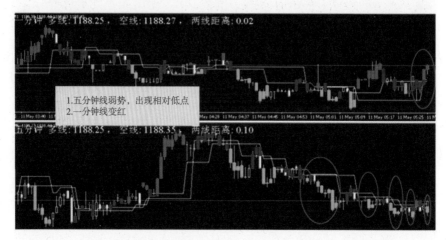

（4）若小时线处于绿色阶梯状排列，则禁止任何形式的做多，如下图所示。

小时线空头行情（K线阶梯排列）禁止做多

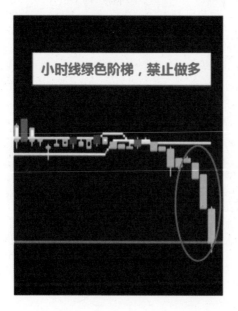

解禁标准1：
紫色K线

解禁标准2：
阳线

解禁标准3：
半截蓝K线

解禁标准4：
半截绿K线

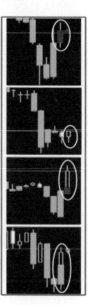

（5）若小时线出现涨不动也禁止做多，出现第（3）条中所列情况也可
以解禁，如下图所示。

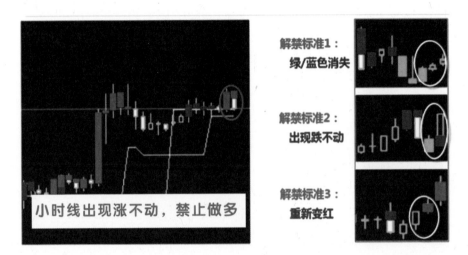

按照以上交易逻辑，只要将"亢龙有悔教程"理解到位，平均每天交
易机会一定会多于3次（甚至10次都有），且胜率一样有保障。在交易中，
首先以获利即跑的原则来进行平仓，随交易经验增加逐步学会分情况来进
行持仓规划，逐步学会摒弃一些交易机会、学会控制节奏，争取在较短的
时间内成为交易高手（耐得住寂寞是高手的必备特征）。当然，止损还是需
要再次强调的。必须在每次交易中都设定最高亏损限度以内的止损，也可
以按亢龙有悔交易规范中的技术要求来设定止损。

附录——末端识别与使用

本附录内容主要是为了更好地理解"涨不动"这个概念，以及怎样利用"涨不动"的特征来开展一般性交易，本节所讲交易理念并非建立在亢龙有悔交易方案的约束规则之下。本节所讲的末端是展开而谈，是在没有其他约束情况下的基础使用规则，能够更好地加深理解，更快地学会末端使用，以及掌握亢龙有悔的交易精髓。

我们所能看到的市场行为的具体表达就是马尔科夫系统展现在图表上的"图形表达"，行为末端的识别技术是建立在"图形表达"的基础之上。在学习识别技巧时，必须牢记：**市场行为是通过K线组合来表达，而不是单一K线。**

"涨不动"的识别

"涨不动"是指市场上涨势能耗尽，在马尔科夫系统中表现为"多方攻势疲弱"，其识别方法在下面具体予以说明。

1. 简易识别

在马尔科夫系统中，红色表示市场处于**做多**状态、紫色表示市场处于**试多**状态，这两种状态既然都是"多"，那也就表示此时市场是处于多方主导。

在传统的分析手段中，K线的颜色都是完整的；马尔科夫系统采用了更为先进、精确的定量分析方法，K线颜色并不总是全色，K线颜色被赋予了更多的意义。当K线颜色不是全色时，其所代表的特定意义就是"此时颜色所表达的**主导方行为**已经到了尽头"，通俗点讲就是行为已经到了末端。

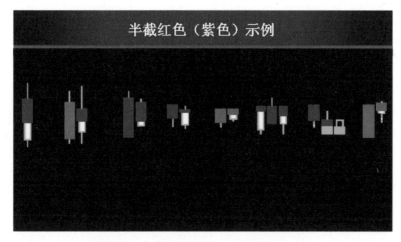

半截红色、半截紫色，表示涨不动了

注：半截可以是大半截、小半截、1/2截、1/20截、8/9截……

所以简易的识别"涨不动"，只要学会找到半截的紫色或红色即可。

2. 识别标准

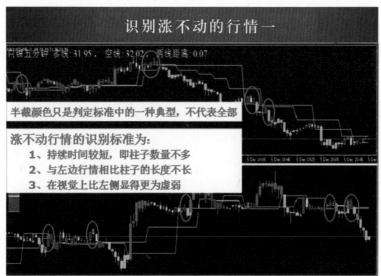

注：以时间、空间、感官为标准，识别非半截颜色的"涨不动"

按照前面所述，要精确地识别一个"涨不动"的行为，须针对行情的K线组合来进行对比分析，具体识别要领如下所述。

（1）持续时间较短。代表一个市场行为的K线组合中（此处就是红色和紫色柱子），柱子的数量越多表示市场行为所持续的时间越长，行为的强弱与其持续时间呈正相关，所以持续时间越短则其弱势越明显。

（2）与左边行情相比，柱子的长度不长。此处的柱子是指红色或紫色的柱子组合，因为只有红色和紫色才表示当时的市场主导方是多方。只与左边的柱子相比，是因为右边的柱子代表未来，那还没有发生。

柱子的长度表示空间上的攻击力，行为的攻击力与柱子长度（有颜色的柱子）呈正相关，柱子越短则其所对应的攻击力相对也就越弱。

（3）与周边相比，感官上显得虚弱。"涨不动"在图表上所呈现出来的就是一种多方进攻无力的虚弱，在视觉上就是"红色或紫色看起来越是显得虚弱（与周边对比）表示作为旁观者的你对其进攻无力的认可度越高"。

3. 进阶应用

除了上面所讲的半截识别法外，根据"识别标准"可以协助识别出更多的"涨不动"行情，发现更多的低风险盈利机会。

如下图所示，红色圈内（画×的除外）都可以识别为"涨不动"。其共同特征就是"多方的进攻看起来就很虚弱"，且其完整地符合"识别标准"中判定"涨不动"的三个标准。画×的为何不是"涨不动"，请按照"识别标准"中的识别标准自行分析，看其与三条判定标准的相符情况。

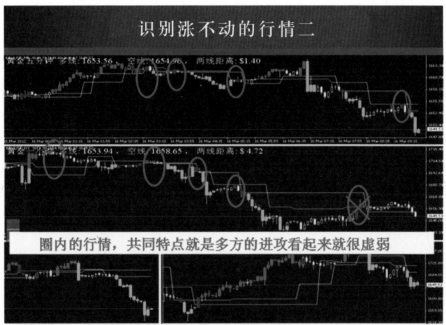

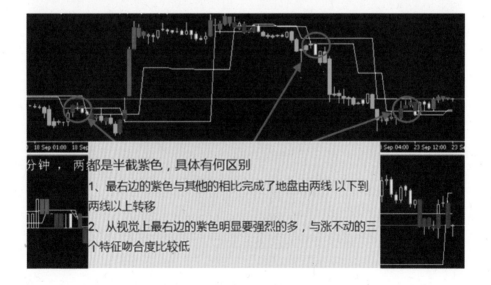

如上图所示，箭头所指的红圈内都有一个半截的紫色，按照"简易识别"的标准，这些半截紫色都是"涨不动"。从图上可以看出，这三个半截紫色还是有明显区别的，最右边圈内的紫色与前面"涨不动"的识别标准吻合度较低。若严格按"识别标准"中的要求来判定，最右边圈内的半截紫色并不属于典型的"涨不动"。

在学习的初级阶段，可以把所有半截紫色或红色都看做"涨不动"，等到理解了"识别标准"中的识别标准以后，就需要结合识别标准来判定半截紫色或红色是否是真正的"涨不动"。只有符合了识别标准的半截红色或紫色，其所代表的市场行为"涨不动"的意义才更精确、更明晰。

4. 地盘的划分

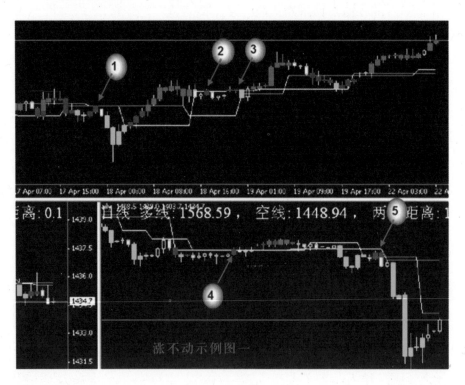

涨不动示例图一

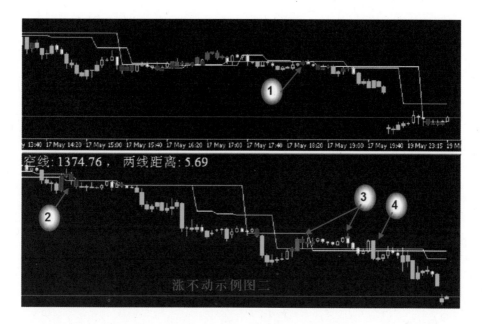

如上面两张图所示，箭头所指都是典型的"涨不动"，你更喜欢哪一种呢？按照所处的行情阶段，可将"涨不动"分为以下三类。

（1）在下跌途中出现的"涨不动"，例如，示例图一中的1、5，示例图二中的1。

（2）在上涨途中出现的"涨不动"，例如，示例图二中的2、3，示例图二中的3。

（3）其他时候的"涨不动"。

上涨中出现的"涨不动"，通常又被称为多单回光返照。这时候就表示多方主导进攻的能量接近耗尽，可以作为非常好的多单离场参考位置。

示例图二中的3、4号箭头所示，虽然都是在多方地盘的"涨不动"，但连续的出现回光返照和"涨不动"，这种时候往往是在更小级别上寻找做空机会的好时机。具体分析方式参考下图。

在下跌途中出现的"涨不动"，在行为上表示：市场整体处于空方主导；多方的反击已无力的失败。

以上两点说明，这是下跌中继的可能性很大，通常这是继续做空的大好时机，要果断地在更小级别行情图上寻找机会杀入空单。分析方式如下图所示。

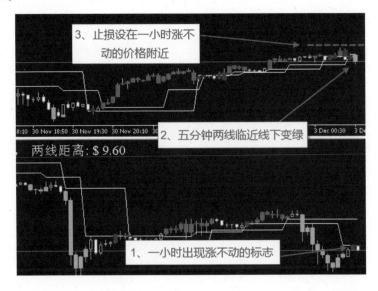

下图中绿色箭头所指的是一组行情，红色箭头所指是另一组行情，请尝试分析这两组"涨不动"行情属于哪种"涨不动"。

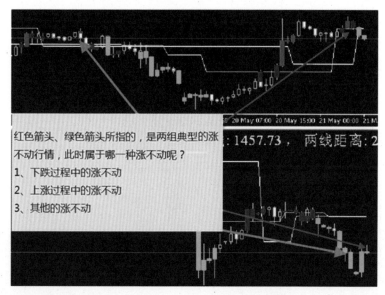

注：上图中下半截是小时图，上半截是五分钟图。

5. 做空的条件

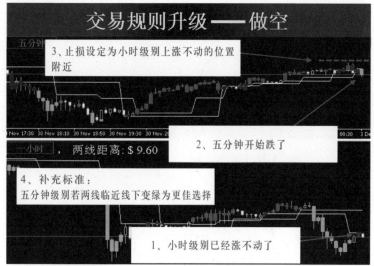

注：小时级别涨不动了、五分钟开始跌了，这就是交易机会。

通过以上的探讨，我们已经掌握了识别"涨不动"市场行为的识别技巧，但是要把"涨不动"作为交易决策的依据，还需要以下更为严格的条件。

（1）"涨不动"表示上涨势能耗尽，上涨势能耗尽并不等于就会下跌。

（2）等到行情开始跌了，这就需要：两线临近、线下变绿。

（3）需要严格控制交易风险，将"涨不动"作为止损参照标准。

注：入场点要把握在下跌开始阶段，而不是已经跌了很多时追入。

"跌不动"的识别

1. 简易识别

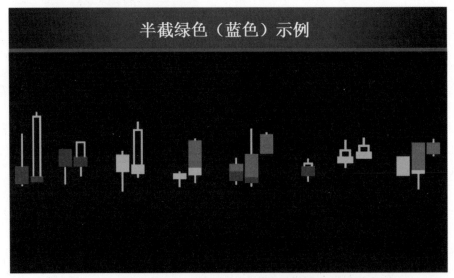

半截绿色、半截蓝色，表示跌不动了。

注：半截可以是大半截、小半截、1/2截、1/20截、8/9截……

在马尔科夫系统中，绿色表示市场处于做空状态，蓝色表示市场处于试空状态，这两种状态既然都是"空"，那也就表示此时市场是处于空方主导。

在传统的分析手段中，K线的颜色都是完整的。马尔科夫系统则采用了更为先进、精确的定量分析方法，K线颜色并不总是全色，K线颜色被赋予了更多的意义。当K线颜色不是全色时，其所代表的特定意义就是"此时颜色所表达的**主导方行为**已经到了尽头"，通俗点讲就是行为已经到了末端。

所以简易地识别"跌不动"，只需要学会找到半截颜色的蓝色或绿色即可。

2. 识别标准

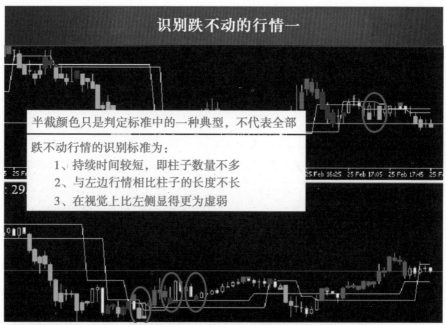

识别跌不动的行情一

半截颜色只是判定标准中的一种典型，不代表全部

跌不动行情的识别标准为：
1、持续时间较短，即柱子数量不多
2、与左边行情相比柱子的长度不长
3、在视觉上比左侧显得更为虚弱

注：以时间、空间、感官为标准，识别非半截颜色的"跌不动"。

按照前文中所述，要精确地识别一个"跌不动"的行为，需针对行情的K线组合来进行对比分析，具体识别要领如下。

（1）持续时间较短。代表一个市场行为的K线组合中（此处就是绿色和蓝色柱子），柱子的数量越多表示市场行为所持续的时间越长，行为的强弱与其持续时间呈正相关，所以持续时间越短则其弱势越明显。

（2）与左边行情相比，柱子的长度不长。此处的柱子是指绿色或蓝色的柱子组合，因为只有绿色和蓝色才表示当时的市场主导方是多方。只与左边的柱子相比，是因为右边的柱子代表未来，那还没有发生。

柱子的长度表示空间上的攻击力，行为的攻击力与柱子长度（有颜色的柱子）呈正相关，柱子越短则其所对应的攻击力相对也就越弱。

（3）与周边相比，感官上显得虚弱。"跌不动"在图表上所呈现出来的就是一种多方进攻无力的虚弱，在视觉上就是"绿色或蓝色看起来越是显得虚弱（与周边对比）表示作为旁观者的你对其进攻无力的认可度越高"。

3. 进阶应用

除了前面所讲的半截识别法外，根据"识别标准"可以协助识别出更多的"跌不动"行情，发现更多的低风险盈利机会。

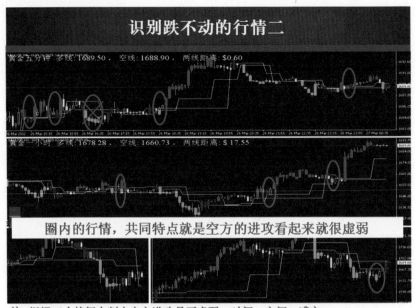

注：根据三个特征来判定空方进攻是否虚弱：时间、空间、感官

如上图所示，红色圈内（画×的除外）都可以识别为"跌不动"。其共同特征就是"空方的进攻看起来就很虚弱"，且其完整地符合"识别标准"中判定"跌不动"的三个标准。画×的为何不是"跌不动"，请按照"识别标准"中的识别标准自行分析，看其与三条判定标准的相符情况。

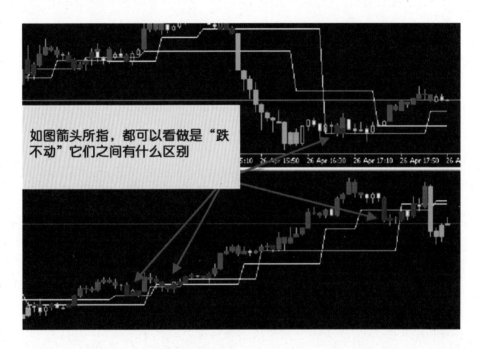

如图箭头所指，都可以看做是"跌不动"它们之间有什么区别

上图中的问题，请参考"地盘的划分"中的内容得出自己的分析结论。

在学习的初级阶段，可以把所有半截蓝色或绿色都看做"跌不动"，等到理解了"识别标准"以后，就需要结合识别标准来判定半截蓝色或绿色是否是真正的"跌不动"。只有符合了识别标准的半截绿色或蓝色，其所代表的市场行为"跌不动"的意义才更精确、更明晰。

4. 地盘的划分

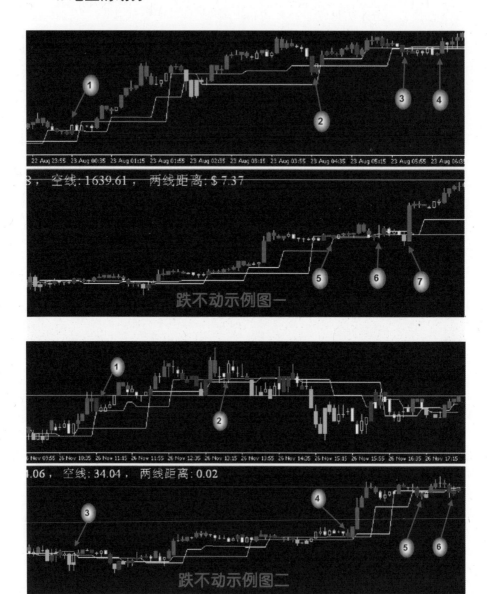

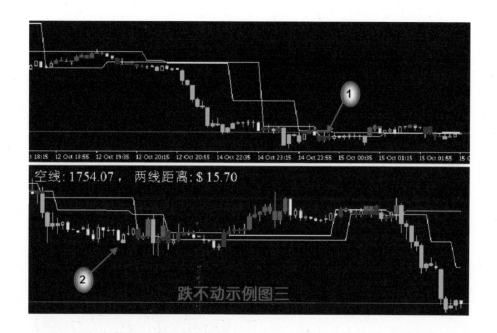

空线: 1754.07, 两线距离: $15.70

跌不动示例图三

如上面三张图中所示，箭头所指都是典型的"跌不动"，你更喜欢哪一种呢？按照所处的行情阶段，可将"跌不动"分为以下三类。

（1）在上涨途中出现的"跌不动"，例如，示例图一中的1、2、5，示例图二中的1、4。

（2）在下跌途中出现的"跌不动"，例如，示例图三中的1、2，示例图二中的3。

（3）其他时候的"跌不动"。

下跌中出现的"跌不动"，通常又被称为空单回光返照。这时候就表示空方主导进攻的能量接近耗尽，可以作为非常好的空单离场参考位置。

"跌不动"与"涨不动"是相对应的，理解时请参考"涨不动"的相关教案。

5. 做多的条件

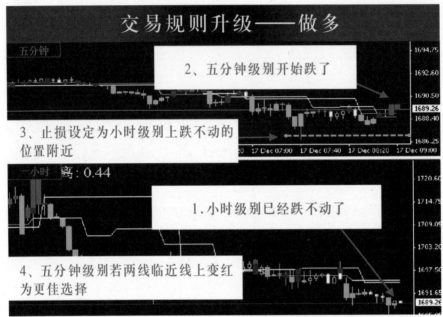

注：小时级别跌不动了、五分钟级别开始涨了，这就是交易机会。

通过以上的探讨，我们已经掌握了识别"跌不动"市场行为的识别技巧。要把"跌不动"作为交易决策的依据，还需要以下更为严格的条件。

（1）"跌不动"表示下跌势能耗尽，下跌势能耗尽并不等于就会上涨。

（2）需要等到行情开始涨了，这就需要两线临近、线上变红。

（3）需要严格控制交易风险，将"跌不动"作为止损参照标准。

附录——价格变化与投资者行为

金融证券市场一直是资本追逐的乐土，在资本逐利的游戏中，能有效把握价格变动方向的投资者将获得丰厚回报，反之则将受到市场的惩罚。

投资者在交易市场中能得到哪些信息呢？在集中式交易市场，可以得到两个准确信息：价格、交易量；在非集中式交易市场，只能得到一个准确信息：价格。技术分析所要做的，就是通过已知信息来推测价格变动方向，由此衍生出各种不同的分析方法，如经典指标MACD、KDJ和MA等都是其中的典型。这些技术大部分都建立在"以价格预测价格"的基础之上，但价格变动方向真是可持续的吗？

若价格变动方向可持续，那一切问题也就不存在了。价格有涨有跌，价格的变动方向也随涨跌节奏的变换而逆转，价格变动方向在什么情况下才会逆转呢？这就引出了如下问题：价格变动的根源是什么？

下面将研究方向指向价格变动的根源，通过找出导致价格变动的根源，来尝试解开价格持续变动的密码。

市场主体

首先，将研究主体从价格回归到真正的市场主体——投资者。市场价格变动是投资者"投资行为集合"的价格体现。也就是说，"投资者的行为集合"决定了市场价格的变动。投资者的行为集合是可持续的，则价格变动就是可持续的；投资者的行为集合是不连续的，则价格变动就是不连续的。

根据获取盈利方式的不同，可以把投资者分为三类。

（1）通过做多来实现盈利；

（2）通过做空来实现盈利。

（3）正在观望。

这三类投资者中的任何一类都随时可以转化为另外两类，市场价格波动就是这三类行为主体之间博弈结果的体现。当通过做多来盈利的投资者占主导时，市场表现为价格上涨；当通过做空来盈利的投资者处于主导时，市场表现为价格下跌；当双方力量相对均衡时，市场就表现为震荡或横盘。

我们将"投资者行为集合"在当时的显性表现称为市场行为，市场行为作用于市场导致的直接结果就是"市场价格变化"。若市场行为具备可持续性，则市场价格变动就具备可持续性。市场行为是具备可持续性的吗？市场行为在什么情况下具备更强的可持续性？

若以行为发生的开始时点作为起点，投资人的行为是一定具备持续性的，只是持续期的长短有所不同。怎样证明持续性的存在呢？生活经验、投资经验都可以说明持续性是存在的。

比如，一个投资者刚买入5手多单，他会在买入的同时就平掉吗？不论他买入的动机是什么，他或多或少都会持有一定时间。

比如，一个人开始去做一件事，他会马上就停下吗？从开始做，到停下一定会持续一段时间，虽然时间可能会很短，但毫无疑问是会持续一定时间的。

由众多投资者组成的投资群体，其行为是否具备可持续性？毫无疑问，群体行为也是具备可持续性的，且群体行为的可持续性、规律性比个体更强，社会科学研究的就是这个方向。比如，一个人的就餐时间随机性就比较强；一个大家庭就餐时间就比一个人更有规律；一个村子则比一个家庭的规律性更强。

虽然行为具备可持续性，但此时的可持续性是针对行为的起点才具备的。行为持续的时效既不固定亦无法预知（行为发生的同时，环境也在变化，环境又会对行为发生反作用），所以我们就有了以下核心目标。

（1）找到市场行为的起点。只有找到行为的起点，才能在行为发生的第一时间跟上行为的脚步，从而获取行为持续期的利润。

（2）找出可持续性更强的市场行为。行为的可持续性越强，行为结果的确定性也就越强，获取行为持续期内预期利润的可行性也就越强。

寻找机会

接下来继续就行为的可持续性进行探讨，行为在什么情况下才拥有更强的可持续性呢？此时一定具备如下特征。

（1）客观环境非常有利于行为展开。

（2）事务的发展方向与行为主导方的预期保持一致。

投资者经常讲的"顺势而为"中的顺势指的就是上面第一条，但这真的就是顺势吗？顺势该怎样来定义？顺势真的可以识别吗？

行为是否朝预期发展，判定的依据是什么？事务背离预期方向的判定标准是什么？能回答这两个问题中的任何一个，就能够有效解决顺势过程中所纠结的"势是否已经转向"的问题。

要利用"市场行为的可持续性"来实现稳健获利，就必须能够完成以下两个任务。

（1）找出可持续性足够强的市场行为。

（2）在市场行为发生的第一时间介入。

金融投资市场很多时候被形象地称为"没有硝烟的战场"，下面我们将尝试站在战争的角度、以战争哲学为基础来对市场行为的可持续性展开讨论。

我国古代伟大的智者在《孙子兵法》中讲道："计利以听，乃为之势，以佐其外。势者，因利而制权也。兵者，诡道也。故能而示之不能，用而示之不用，近而示之远，远而示之近。"其基本意思为："我的军事思想您要是接受，再从外交上造成大好形势作为辅助条件，就掌握了主动权。所谓态势，即是凭借有利的形势，以制定临机应变的策略。战争，本来是一种诡诈之术。所以，能战而示之软弱；要打，装作退却；要攻近处，装作攻击远处；要想远袭，又装作近攻。"

证券市场就是多空双方之间的一场战争，一场没有终点、无休止的战争。按《孙子兵法》的思想，证券市场要寻找的有利时机包括以下两点。

（1）找到掌握主动权的一方。

（2）去伪存真，找到掌握主动权一方的进攻时机。

下面将围绕这个目标，尝试以行为分析的方式来寻找最有利的投资机会。

力量的博弈

我们将研究目标锁定为：在证券市场战局之中寻找最有利的介入时机，并在第一时间跟上战役的脚步。先分解出典型的战争行为，这些行为包括但不限于如下情形。

（1）打了胜仗。

（2）打了败仗。

（3）打退对方进攻（击溃）。

（4）打退对方反击（击溃）。

（5）主动撤退。

（6）开始进攻。

（7）进攻力量衰竭。

（8）混战。

（9）进攻结束，暂时休整。

将战局按不同级别可划分为整体战局、局部战局、战役、先锋作战四个级别，分别对应如下。

（1）整体战局，对应日线图。

（2）局部战局，对应小时图。

（3）战役，对应五分钟图。

（4）先锋作战，对应一分钟图。

注：根据交易产品的不同，对应的周期有所区别。

1. 战役时机

战争中的"作战行动"是否具备可持续性？答案毫无疑问是肯定的，战斗一旦打响想要停止都很难，所以战争行为的可持续性相对比普通行为更有保障。

那剩下唯一要做的事情就是：找出有利的行为发起点，在第一时间开始介入。对于**行为发起者**（也称行为主导方），什么情况最有利于其保持行为的连续性呢？

百分百的主动权在战争中并不存在，双方对比优势越突出，优势一方的主动权也就越强。要寻找掌握主动权的一方，实际上就是要寻找对比优势足够强的时机。

寻找对比优势突出的时机，那就要对优势进行量化，量化优势有两个方向：找出己方优势最明显的情况；找出对方最弱势的情况。

一方处于主导优势中、同时另一方又处于最弱势的情况时，必然是对比优势最为明显的时机。此时战局必然符合以下两种情况中的一种。

（1）进攻主导方击溃防守方的反击。局部战局我方处于进攻状态；局部战局对方的反击刚被击溃；战役级别我方开始发动新一轮进攻。

（2）局部战局相持后，一方进攻被另一方轻易击溃。局部战局前面是平和的相持状态；局部战局对方的进攻没有攻城略地，且被轻易击溃；战役级别我方开始发动新一轮进攻。

在上面两种状况之下，对方在后续战局中的打击能力与其的反击或进攻力量密切相关。对方的力量越虚弱（即对方失败的越彻底），我方的相对优势也就越明显，战役发起后的可持续性也就越有保障。

2. 战局转折

在战局发生转折时，若能及时跟进，无疑将带来超额收益，这也是投资者热衷于抄底摸顶的现实原因。不能靠猜测来寻找战局的转折时机，转折发生前在战场局势上一定会有所体现，战局转折的痕迹又具备怎样的特征呢？这需要具备以下条件。

（1）局部战局进攻方的能量已经衰竭。

（2）战役级别前期处于相持状态，双方力量转化有利于防守方。

（3）战役级别，进攻方的主动进攻被击溃。

（4）战役级别防守方开始主动发动进攻。

符合以上条件并不一定是战略转折，但战略转折基本都会符合这些条件。理解以上特性将有助于及时、低风险地跟上战局转折的脚步，博取整场战争的超额利润。

战役级别双方力量转化有利于防守方，这是战局转折非常重要的先决条件。局部战局进攻方能量衰竭，并不意味着战役级别进攻方不再占优势。若在战役级别进攻方力量趋于增强，那战局被逆转的可能性就会降低。正所谓此消彼长，因此只有在战役级别进攻方优势趋于减弱的情况下（或者是防守方优势趋于增强），战局才具备更大的逆转可能性。

注：战局转折也分不同级别，请根据实际情况来确定具体的级别。

3. 战役的脚步

战役一旦打响，想要停下基本都不可能，所以其行为的持续性比普通群体更有保障。战场形势瞬息万变，持续时间更是无法提前预知，因此只有在战役开始时就果断进入才拥有更高的获利机会。

任何战役都是由大大小小的局部战斗组成的，吹响战役号角的一定是"先锋作战"。要选择跟上战役的脚步，而不是随先锋作战冲在最前面。先锋作战的随机性比战役要强得多，想象一下战争中的敢死队就明白为什么了。就一个原因，不去争当炮灰！

　　注：先锋作战也不总是炮灰，在具备绝对优势时先锋作战就是最好的入场时机。

4. 战局逆转

　　战役中双方军队犬牙交错、互有攻防都是正常现象，但怎样判定战役是否被逆转？判定标准又是什么呢？先看如下的一幅攻防图。

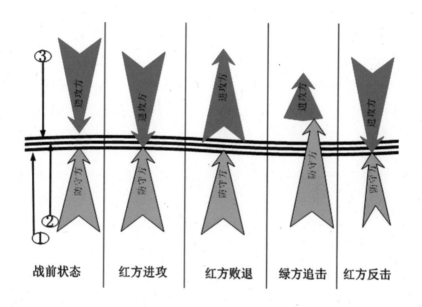

　　如上图所示，红绿双方代表两支对垒的军队，战斗的时间序列是自左向右，中间的三条线分别表示二者的前沿阵地、阵地中线。

　　红方进攻开始后，在绿方的防守压力之下撤退，随后绿方开始对红方进行追击。三条线中的哪一条作为绿方追击行动的起始位置最为合理？答案是：原来的红方阵地，也就是3号线。

　　绿方追击部队与红方交手，在红方反击下后撤，撤退到什么标准可以认为绿方的追击优势被彻底逆转？答案是：当绿方被打回原来的防御阵地，也就是1号线。为何这样讲呢？因为1号线，是红方正式进攻所达到的极限，此时红方追击绿方已经超越先前的进攻极限，这难道不意味着绿方的追击优势有被彻底逆转的可能？

5. 先为不可胜

《孙子兵法》上讲："昔之善战者，先为不可胜，以待敌之可胜。"意思就是：要先保持自己不被敌人战胜，在此前提下等待战胜敌人的时机。相对于战场来说，在金融证券市场要保持不被战胜更容易做到以下两点。

（1）等待有利时机，时机不到绝不开仓。

（2）时机到来时也必须设定止损，以确保本金安全。

在战争中，战机稍纵即逝，绝大多数时间都是在等待战机；在投资市场，绝大多数时间也是在等待机会，时机不到贸然出手一定会受到市场的惩罚。

战争比较来说，金融证券市场中最有利的一点就是"可以设定止损"。每次投资都可以设定亏损底线，这样能够在意外发生或决策失误时确保本金，也就留住了未来盈利的机会。

解放思想

综上所述，依据行为的持续性来寻找有利的投资时机，将能够有效地控制投资风险、放飞投资利润。但市场提供的信息只有价格，怎样才能把价格还原成为市场行为呢？

把价格还原成市场行为，根据市场行为来找出持续性强的交易机会，这将是创造性的应用。怎样将价格还原成为行为，在此不赘述。"马尔科夫高胜算决策交易系统"已经成功地实现了市场行为的还原。后面要做的就是借助"马尔科夫高胜算决策交易系统"找出合适的交易时机，而不是去研究怎样把价格还原成市场行为。

"马尔科夫高胜算决策交易系统"的详细用法请参看相关教程，下面是对该系统功能的简要描述。

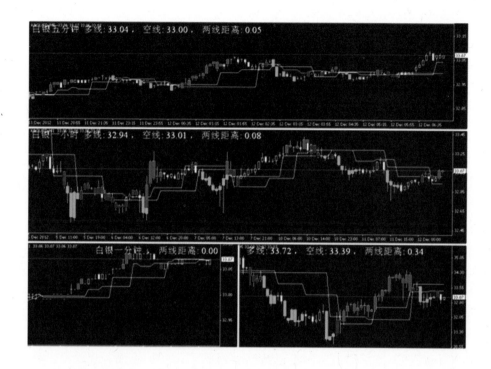

1. 顺势交易

顺势交易就是跟上掌握主动权一方进攻的脚步，主动权一方优势越是突出，那顺势性也就越强。要寻找顺势性足够强的机会，就是寻找掌握主动权一方优势足够突出的时机。

在证券市场中，观望群体都是跟随行情发展而逐步介入的，也就是说，观望群体的介入程度是无法提前预知的，所以也就无法判定出主动方的优势到底有多强。既然不能提前衡量出强者有多强，那就只好寻找弱者足够弱的时机来作为有效介入时机。

关于主动权一方的优势在上文中已经有过具体描述，在交易中的表现如下。

（1）在多方市场中，空方进攻刚失败，此时多方相对空方的优势也最明显，空方败得越彻底，多方的对比优势也就越强。

（2）在空方市场中，多方进攻刚失败，此时空方相对多方的优势也最明显，多方败得越彻底，空方的对比优势也就越强。

以上情况是掌握主动权一方优势最突出的时机，此时跟上主动权一方的进攻步伐将是低风险、高收益的最佳投资时机。

跟上主动权一方进攻的步伐，这是必备的先决条件之一。优势再强，不进攻也不会有战果，所以必须等到主动权一方进攻时才能跟进。

2. 等败攻保

"等、败、攻、保"四个字是"马尔科夫高胜算决策交易系统"的灵魂，要用好系统就必须真正理解这四字箴言。

（1）等。等就是等待的意思，对应《孙子兵法》中的"待敌之可胜"。交易机会并不是随时都有，多数时候都在等待有利的交易时机。

（2）败。败是指对方失败，对方失败也就是对我方有利，而败是力量最弱的一种体现，反过来也就是胜利一方对比优势最强的时机。

（3）攻。当主动权一方进攻开始时，要在第一时间跟上进攻的步伐；进攻没开始前绝不能随意行动，必须等待进攻开始。

（4）保。保对应《孙子兵法》中的"先为不可胜"，任何时候都要保住"革命本钱"，而保住本钱最简单、有效的方式就是设定止损。

3. 力量的轨迹

证券市场是多空双方之间一场没有终点的战争，每次较量都会在时间轴上留下痕迹。这些痕迹有一部分是可以被识别的，更多的是无法识别的，就像历史长河中可以被识别的历史永远是少数一样。这些可以识别的痕迹，按时间序列在时间轴上组成了力量的变化轨迹。

通过对市场力量的轨迹进行分析，可以帮助找出市场发展趋向性更为确定的投资机会，帮助投资者更好地把握投资时机。

力量的轨迹与上文中战局转折是具备对应关系的。正确理解战局转折的基准规则，将能够帮助你在交易中更好地跟上市场主导方的脚步，降低市场噪声的干扰，从而有效地把握市场发展的动向。

4. 机会解读

前面对"等、败、攻、保"的意义进行了解读，等、败、攻三者结合起来就是最好的交易机会。在实践中的解读如下。

（1）耐心等待对比优势最强的市场机会。

（2）判定对比优势最强的市场机会需要符合如下两个前提：小时级别一方刚吃败仗；五分钟级别的战局转折：中吃败仗的一方不是越战越强。

（3）在五分钟上对方发动进攻的第一时间跟上进攻的脚步。

注：根据交易产品、交易频度的不同，对应的周期也有所区别。

5. 败——转折的标志

交易机会就是在"战局转折"的标志性事件出现后，及时地跟上行情的脚步。并不是每一次战局转折都有标志性事件出现，但标志性事件出现后战局发生转折的概率是相当高的。这个标志性事件在系统上对应的就是"败"，"败"在图表上表现为如下特征。

（1）持续时间不长。持续时间不长是指有颜色的柱子数量不多（有颜色的柱子才代表作战行为。）数量越多表示作战行为持续得时间越长。行为的强弱与其持续时间呈正相关，所以持续时间越短则其弱势越明显。

（2）空间上攻击力不强。行为的攻击力与柱子长度（有颜色的柱子）呈正相关关系，柱子越短则攻击力相对也就越弱。

（3）与周边相比，感官上显得虚弱。"败"在军事上并不是一个二元结局，"败"的判定标准因人而异。"败"在图表上所呈现出来的就是一种进攻无力的虚弱。在视觉上看起来越是虚弱（与周边对比）则表示对战局失利的认可程度越高，同时也说明"败"得越彻底。

附录——行情的轨迹

在本书《价格变化与投资者行为》一文中对市场行为的轨迹表述如下：多空双方每次较量都会在时间轴上留下痕迹。这些痕迹有一部分是可以被识别的，更多的是无法识别的。这些可以识别的痕迹按时间序列在时间轴上组成了力量的变化轨迹。

既然是力量变化的轨迹，那当轨迹的规律性非常明显的时候，将给我们的投资决策带来莫大的帮助。

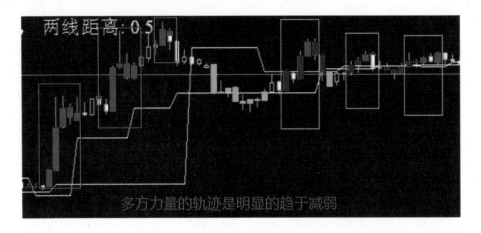

如上图所示，当最右边红色框中的"涨不动"标志出现时，你将作何判断？

（1）此时的"涨不动"属于在多方地盘的涨不动。

（2）多单有明显的逐次减弱迹象，可以增强对该"涨不动"的信心。

（3）在信心足够的情况下，当更小级别上出现"两线临近线下变绿"时，应果断地杀入空单。

继续如上图，绿色框内的多方是否也有明显的逐次减弱迹象？请仔细观察每个绿色框左边的空方表现，其逐次减弱的迹象是不是也很明显？这里多空双方都有逐次减弱的迹象，能给你的决策带来什么样的帮助？答案是：双方都有减弱的迹象，但谁更弱无从判断。

下图红色框内多方力量的轨迹也是明显地逐次减弱迹象，其在小时图上所对应的是图中绿色框内的行情，此时该作何分析？

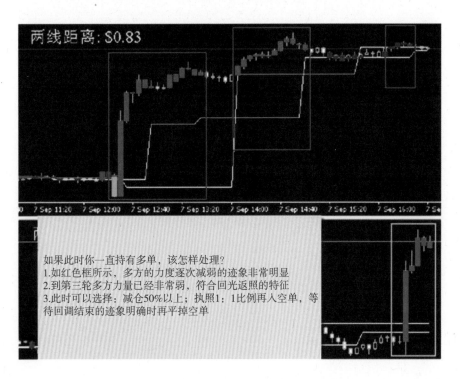

两线距离：$0.83

如果此时你一直持有多单，该怎样处理？
1.如红色框所示，多方的力度逐次减弱的迹象非常明显
2.到第三轮多方力量已经非常弱，符合回光返照的特征
3.此时可以选择：减仓50%以上；执照1∶1比例再入空单，等待回调结束的迹象明确时再平掉空单

下图中也是一个逐次减弱的多单行情，该作何分析？

如图的右上角行情现状解读如下：
1.多方力量逐次减弱的迹象非常明显
2.在最右边的涨不动前有一轮真正的跌不动
3.其所对应的日线图上是一组蓝色的跌不动
4.第二条、第三条与第一条形成了相反的佐证

这时候我的判断如下：
1.多方力量明显地逐次减弱，后面弱到了极点
2.在更小的级别上去等待做空的机会，一旦出现果断做空

空线：1466.56，两线距离：6

上图中给出的结论为何会是这样？我们做如下解读。

（1）虽然最右边的"涨不动"前有一个典型的"跌不动"，但是按交易规则出现"跌不动"后要在更小级别的图上寻找做多的机会，这与在后面出现"涨不动"后寻找机会来做空并不矛盾。

（2）虽然右下角红框内是明确的"跌不动"，但与这轮"跌不动"对应的上涨行情就是上面四个红色框内所标注的这一轮多单行情。这轮行情已经完全趋于势弱，同时右下角的红色框内的K线在当时是没有颜色的（绿框白心），说明在该级别上市场趋向性并不明确。

（3）基于以上判断，一旦出现做空时机，在有效控制亏损的前提下是完全可以尝试的。

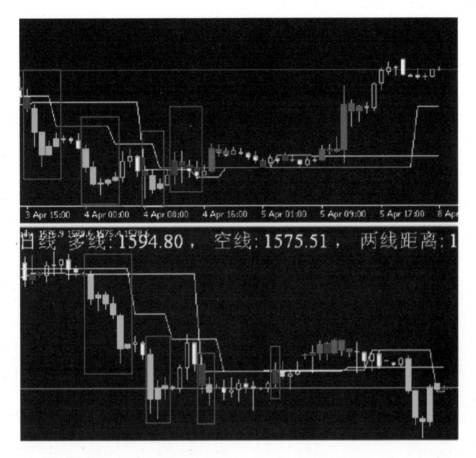

如上图所示，红色框内的空方轨迹有明显的逐步减弱迹象，在后面蓝框内又都出现了疑似"涨不动"，你会对这个"涨不动"作何判断？此时较理性的分析如下。

（1）空方逐步减弱迹象明显，此时继续追空应该谨慎。

（2）虽然后面出现多方"涨不动"，但与其最为临近的一个空方行为相比，这个"涨不动"并非明显的虚弱不堪。

（3）"涨不动"迹象出现后，依然可以在小级别上寻找机会做空，但持仓要更加谨慎，毕竟空方力量耗尽的迹象已很明显。

一旦领悟市场行为轨迹的识别技巧，再加上前面已经掌握的"涨不动""跌不动"识别技术，将为你的交易生涯带来更多惊喜。下图中的问题请结合本节所学进行分析。

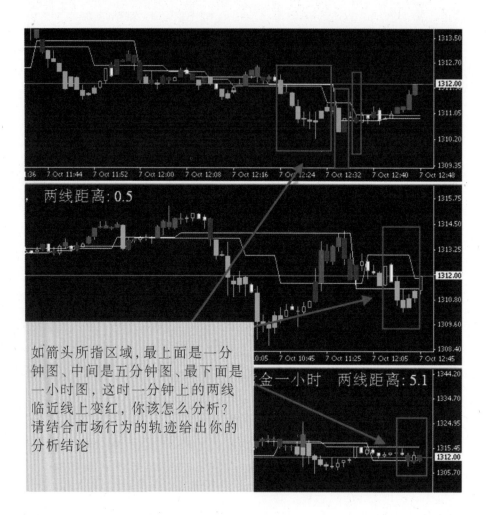

如箭头所指区域，最上面是一分钟图、中间是五分钟图、最下面是一小时图，这时一分钟上的两线临近线上变红，你该怎么分析？请结合市场行为的轨迹给出你的分析结论

分析脉络提示如下。

（1）小时级别处于疑似"跌不动"状态。

（2）五分钟虽然是绿色刚结束，但并没有"跌不动"的明显标志。

（3）一分钟上，空方力量逐步耗尽迹象非常明确。

（4）一分钟上，两线临近线上变红，多方开始发动进攻。

注：理解上例的入场点把握后，可以帮助你在跨周期上寻找到最佳入场点。

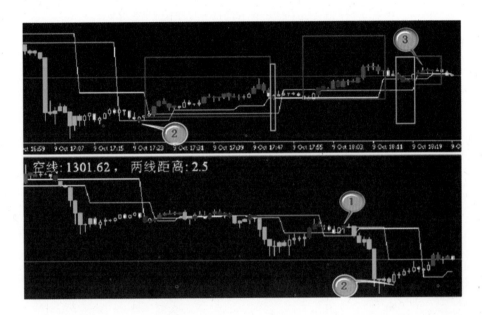

如上图所示，假设你顺应行情发展，在1号位后面小级别上出现空单机会时做了空单，在其后的行情发展中你将作何判断？如何处理？

（1）在行情发展到2号位后，出现明显的"跌不动"标志。此时的"跌不动"可以判定为"回光返照"，由此可以作如下处理。

①平掉空单持仓的全部或大部。

②继续持有空单，但同时做多单以对冲掉可能的上涨风险。

（2）行情继续发展，发展到3号位时行情分析如下。

①三个红色框内行情的力度明显逐步减弱。

②到3号位时（最右边的红框内），多方力量衰竭迹象明显。

③绿色框内，空方力量趋于增强。

④多方力量趋于衰竭、空方力量增长，此消彼长之间起到决定性作用。

·号位若拥有多单，平掉所有多单。

·短线投机者，可以择机以超短线做空单，设定止损在3号位上方。

注：理解本章后将能够帮助你更准确地把握住行情的末端。

附录——交易机会示例

　　该附录内容为增强对亢龙有悔补充教程中的交易机会识别能力而增设，既没有文字说明，也没有解说，只是罗列了一些好和不好的交易机会，希望能够给读者以更多的参照和启示。所有下面的示例截图都是五分钟级别。

多单机会示例

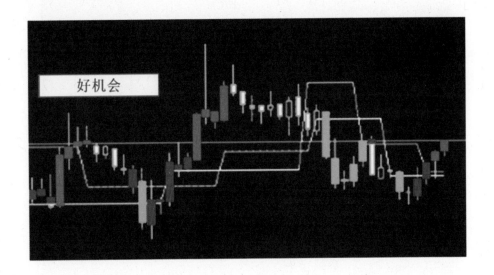

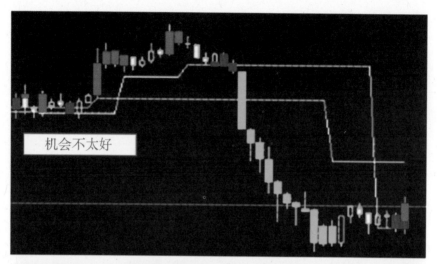

机会不太好

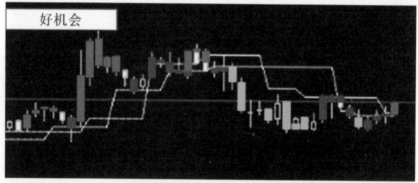

好机会

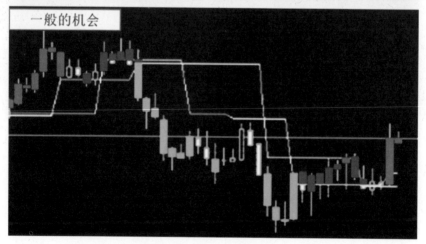

一般的机会

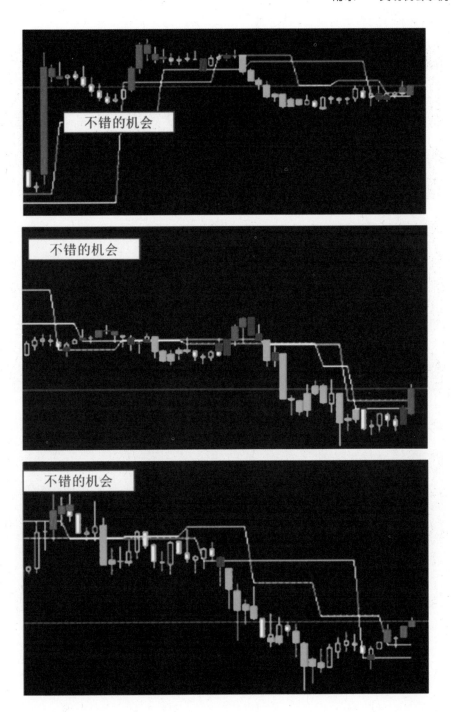

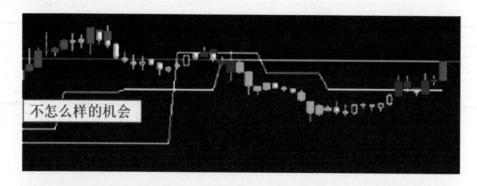

不怎么样的机会

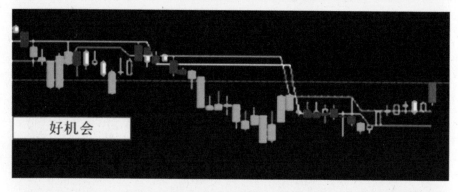

好机会

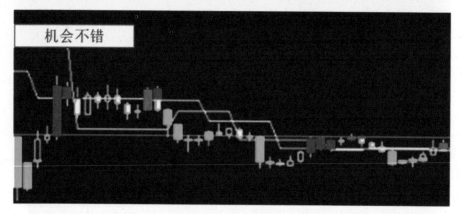

机会不错

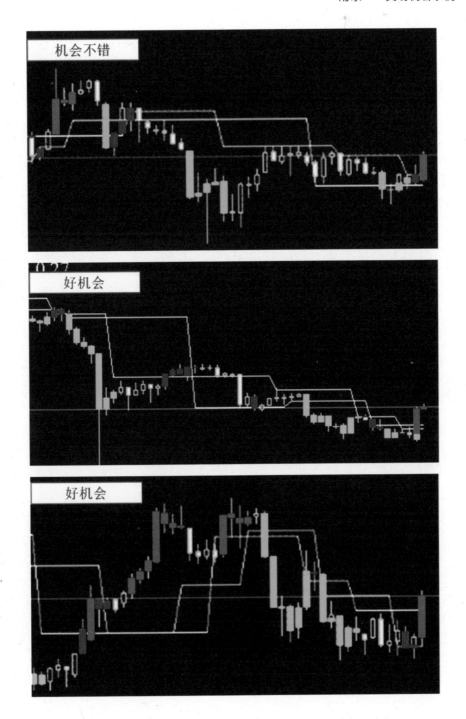

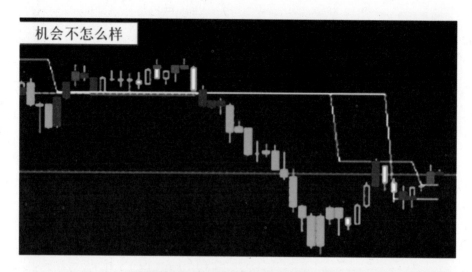

机会不怎么样

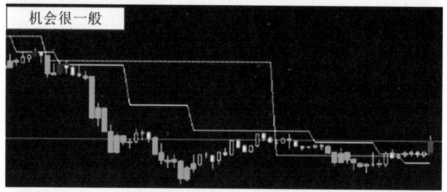

机会很一般

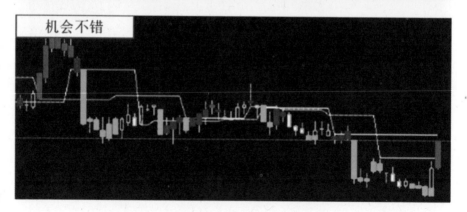

机会不错

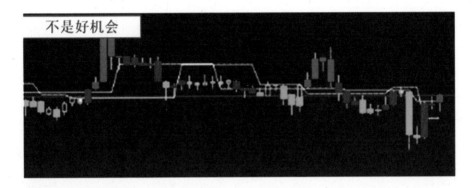

空单机会示例

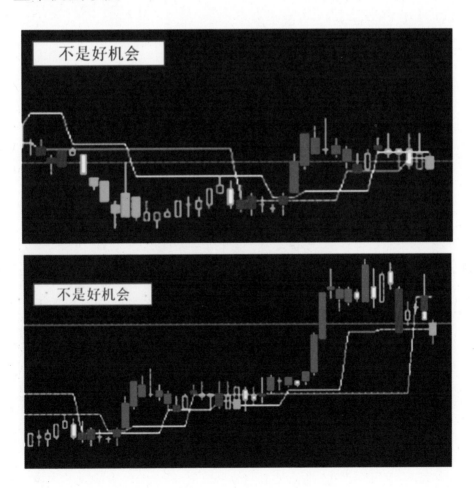

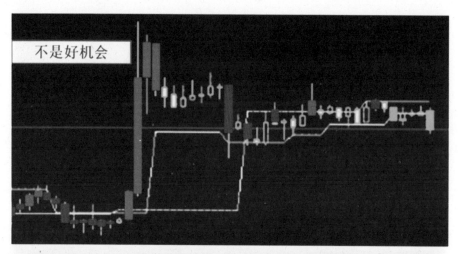

不是好机会

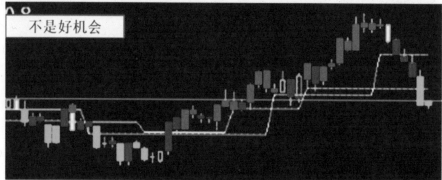

不是好机会

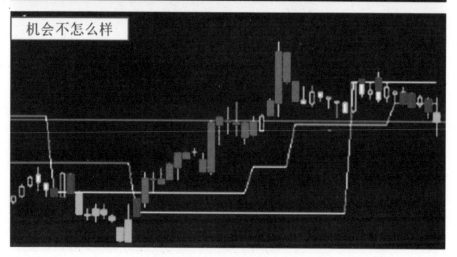

机会不怎么样

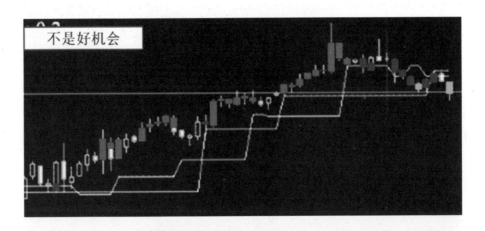

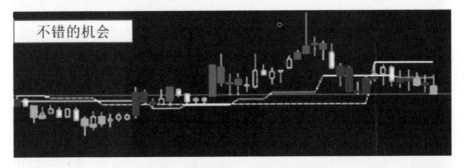

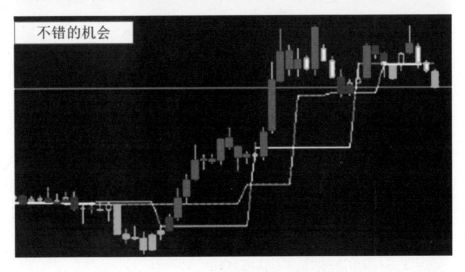

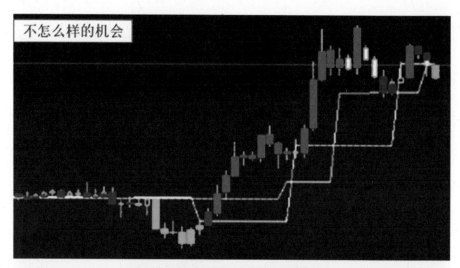

不怎么样的机会

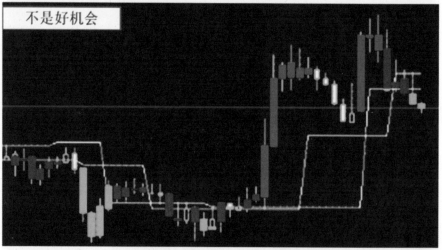

不是好机会

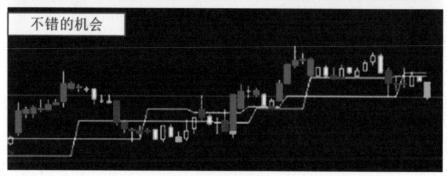

不错的机会

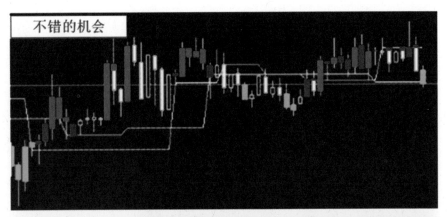

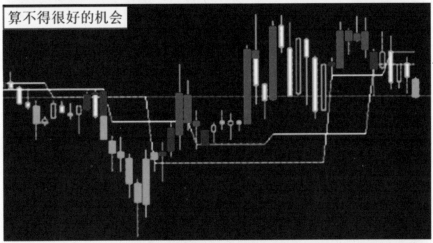

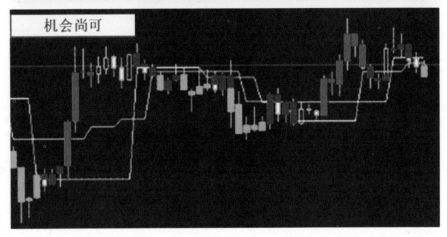

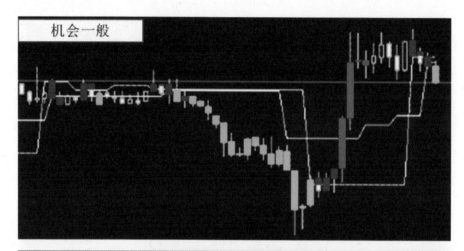

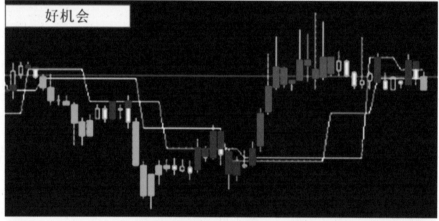

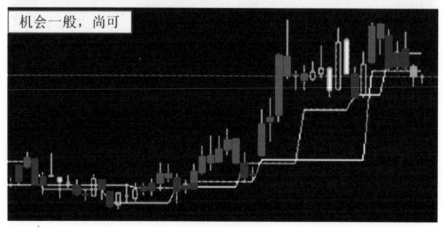

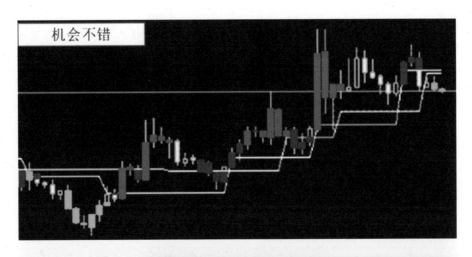

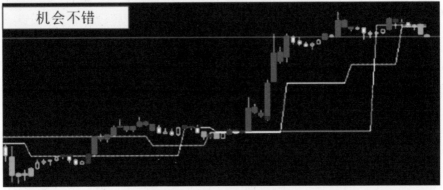

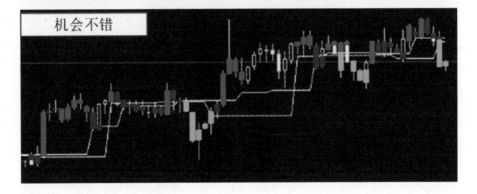

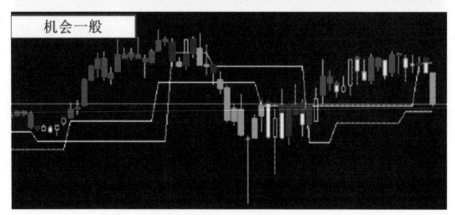

附录——多品种示例

"马尔科夫高盛算决策交易系统"运用市场行为的可持续性特征来进行交易的方法适用于所有参与交易人群足够大、交易数据分布密集的交易品种，数据越多、交易时间越长，效果就越好。以下是部分品种的样本示例，可以在 www.goodyuanzhou.com 下载到更多品种的历史图库进行研究和训练。

上证指数

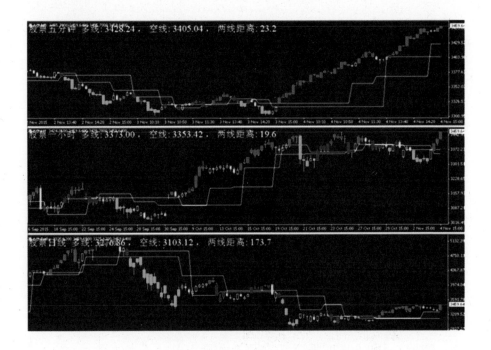

深证综指

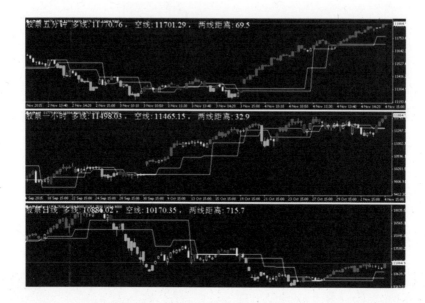

黄金

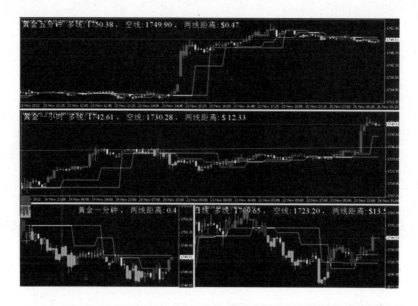

股指期货

白银

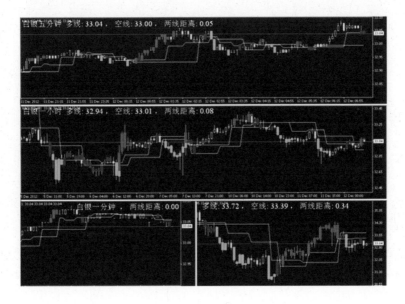

美股

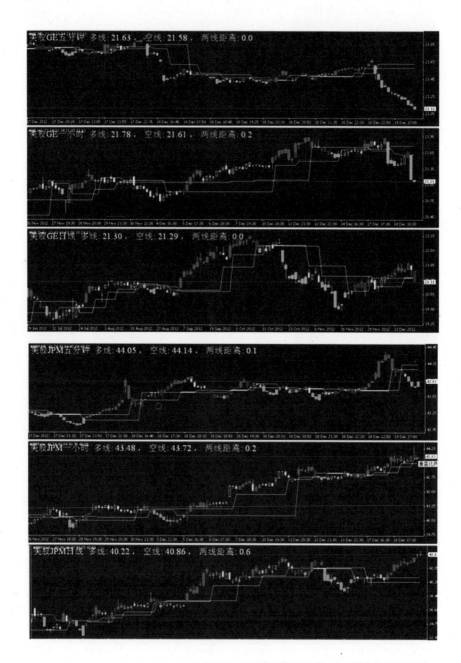

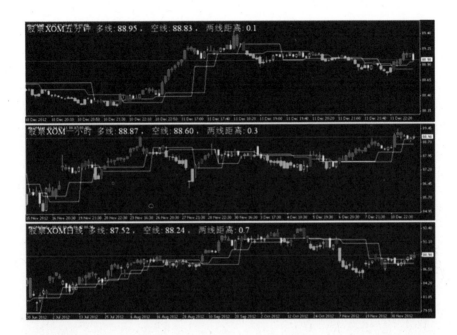

标普指数

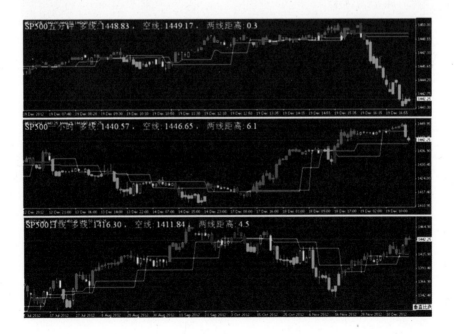

原油

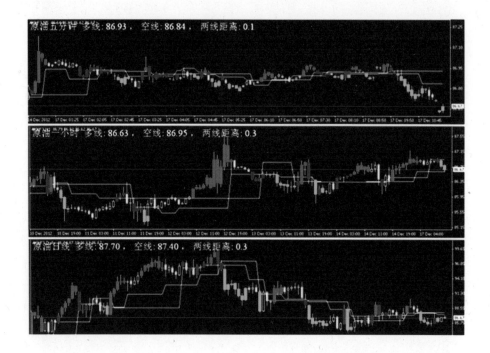